阅读图文之美 / 优享健康生活

常见观赏植物识别图鉴

付彦荣 主编
含章新实用编辑部 编著

江苏凤凰科学技术出版社 · 南京

图书在版编目(CIP)数据

常见观赏植物识别图鉴 / 付彦荣主编；含章新实用编辑部编著 . — 南京：江苏凤凰科学技术出版社，2023.6

ISBN 978-7-5713-3366-9

Ⅰ . ①常… Ⅱ . ①付… ②含… Ⅲ . ①观赏植物—识别—图解 Ⅳ . ① S68-64

中国版本图书馆 CIP 数据核字（2022）第 243620 号

常见观赏植物识别图鉴

主　　编　付彦荣
编　　著　含章新实用编辑部
责任编辑　洪　勇
责任校对　仲　敏
责任监制　方　晨

出版发行　江苏凤凰科学技术出版社
出版社地址　南京市湖南路 1 号 A 楼，邮编：210009
出版社网址　http://www.pspress.cn
印　　刷　天津睿和印艺科技有限公司

开　　本　718 mm × 1 000 mm　1/16
印　　张　14.5
插　　页　1
字　　数　380 000
版　　次　2023 年 6 月第 1 版
印　　次　2023 年 6 月第 1 次印刷

标准书号　ISBN 978-7-5713-3366-9
定　　价　56.00 元

前　言

在美妙神奇的大自然中，形形色色的花草树木随处可见。假日旅游、户外踏青，人们常会在街角、路旁、公园等地见到造型优美、花朵各异的植物，不免要驻足观赏和拍照留念，生活中有了这些观赏植物的点缀，实属一件非常美妙、惬意的事情。

观赏植物不仅具有净化空气、美化环境的功能，还能陶冶情操，给人们带来美的享受。不只专业学生或专业人员对研究和种植植物感兴趣，普通植物爱好者、老百姓也对植物怀有浓厚的兴趣。人们对一些植物难免不认识，更不知道要如何栽培及养护。基于此，我们编写了《常见观赏植物识别图鉴》一书。

本书是一本集科学性、实践性、趣味性和知识性于一体的科普读物，也是植物爱好者了解、识别各种花草树木的实用工具书。本书按照四时变化的逻辑编写，精选 230 多种常见观赏植物，对其别名、科属、特征、习性等都进行了详细的阐述；同时，每种植物配有多张高清美图，便于读者辨认。此外，书中还介绍了不同植物的栽培养护要点、营养价值、应用等知识，让读者在认识、了解、识别植物的同时，还可以学习植物相关知识，把身边的花草树木引入家庭，装饰卧室、阳台、花园和庭院，尽情享受植物带来的乐趣。

本书内容翔实、插图精美，向观赏植物爱好者或对种植观赏植物感兴趣的读者展示了一个丰富多彩的植物世界，可以作为识别或者鉴赏观赏植物的工具书和科普读物。

目　录

第一章　春季常见观赏植物

第二章　夏季常见观赏植物

观花植物

观果植物

第三章 秋季常见观赏植物

观花植物

观果植物

第四章　冬季常见观赏植物

第五章　四季开花的植物

第六章 家庭常见多肉观赏植物

第 一 章

春季常见观赏植物

春天一般从 2 月中旬开始，5 月中旬结束，是一个充满诗情画意的季节。古往今来，人们几乎用尽美好的词语、诗句来形容和赞美春天。春天给大地穿上了一层绿色的服装，在这生机勃勃、气温回升的季节，万物萌发，植物们也跃跃欲试。

在春天，我们能看到大量观花植物，这是一年伊始，也代表了新的希望。

报春花 *Primula malacoides* Franch.

报春花的拉丁文为早春开花之意。报春花是春天的信使，当大地还未完全复苏，众芳凋零，霜雪未尽时，它已悄悄地开出花朵，在林缘、在溪畔、在草地上，或成丛，或成片，生机盎然，告诉人们春天即将来临。报春花现已广泛栽培于世界各地，并有许多园艺品种在各地栽培，颇具观赏性。

特征识别

一年生、二年生草本，叶簇生，叶片卵形至椭圆形或矩圆形，叶缘呈不规则细锯齿状，叶柄被多细胞柔毛。花葶高可达 40 厘米，伞形花序，苞片线形或线状披针形，花梗纤细，花萼钟状，花冠呈粉红色、黄色、淡蓝紫色或近白色。蒴果球形。花期为 2~5 月，果期为 3~6 月。

生活习性

温度：报春花是一种典型的暖温带植物，绝大多数种类分布于高纬度、低海拔或低纬度、高海拔地区，生长于海拔 1800～3000 米的潮湿旷地、沟边和林缘。喜气候温凉、湿润的环境，多数不耐严寒。

光照：不耐强烈的阳光直射。

水分：报春花对给水的要求比较高，一般来说，在养护过程中，需要保持盆土的湿润度，只要不积水就可以。

土壤：喜腐殖质含量比较高、透气性比较好的中性或弱酸性土壤。

小贴士

用报春花的花朵泡水洗脸，可预防和减少皱纹、雀斑，改善肤色暗沉。

别名：年景花、樱草、少女樱草 | 科属：报春花科，报春花属 | 花期：2 ~ 5 月

适宜摆放地

报春花五彩缤纷，花朵聚集成簇开放，可摆放在客厅、餐厅、书房、厨房或阳台等地，以增加春意。

应用

报春花可用于花坛、花境栽植或作盆栽等。

报春花具有监测过氧酰基硝酸酯的功能。如果周围环境中的过氧酰基硝酸酯含量超标，报春花就会表现出幼叶背面呈古铜色，叶向下方弯曲生长，伴有上部叶片尖端枯死，并呈现白色或黄褐色等现象。

药用价值

报春花除了具有净化空气的作用和较高的观赏价值，还可以入药，用来辅助治疗咳嗽、气管炎、头痛、流行性感冒等病症，在许多中草药学典籍中都有药用的记载，但作药使用时必须谨遵医嘱。

花语

报春花的寓意为万象更新、春天，英国喻为青春少年，法国喻为初恋。

养护要点

每隔 10 天左右施用化学液肥 1 次，开花时增施 1~2 次磷钾肥，施用时勿洒于叶面上。花谢后及时剪除残花，施 1~2 次薄肥，以利于新花枝生长，继续开花。冬天要为其提供背风的环境，越冬温度不能低于 10 ℃。

病虫害防治

报春花的常见病害有灰霉病，可用 70% 甲基托布津 1000 倍液喷洒，每周喷洒 1 次，连续喷洒 2~3 次。

鉴别

四季报春

叶聚生于植株基部，叶片大而圆，有毛。花簇生在从基部抽生出的长茎顶端，花冠较小，单瓣、复瓣不一；伞形花序，花 10~15 朵，花色有玫红色、粉红色、紫色、蓝色等。种子呈棕褐色。

四季报春喜欢温暖的环境，多用于花坛、花境栽植或作盆栽等。

多花报春

多年生草本。常作一年生、二年生栽培。株丛不大。叶倒卵形；伞形花序，多数丛生；品种极为丰富，花色有黄色、橙色、红色、紫色、蓝色、白色等；大花花朵直径为 4~5 厘米，双筒萼瓣化，呈复瓣或重瓣状。

多花报春花多色美，多用于岩石园、花坛栽植或作盆栽等。

郁金香 *Tulipa gesneriana* L.

郁金香原产于土耳其，随后被引进欧洲，17世纪中叶在比利时、荷兰、英国风行。19世纪进入中国上海，现在，中国各地均有引种栽培。经过园艺家长期的杂交栽培，目前全世界已拥有数千个品种，被大量生产的大约有150种，其中红色、黄色、紫色最受人们欢迎。

花单朵生，大型而艳丽，无花柱，柱头增大呈鸡冠状

花朵上含有毒碱，过多接触，易使人毛发脱落

圆柱形茎，直立

特征识别

多年生草本。根分为肉质根和纤维状根2类；茎直立，圆柱形，常有紫色斑点；鳞茎球形，先端常开放如莲座状，由多数肉质肥厚、卵匙形的鳞片聚合而成。花朵大，花色有白色、红色、粉红色、紫色、黄色、褐色等，深浅不一，单色或复色。

生活习性

温度： 生长适温为15～20℃。8℃以上即可正常生长，一般可耐-14℃低温。耐寒性很强，但怕酷暑。

光照： 郁金香属长日照花卉，性喜向阳、避风。

水分： 鳞茎种植后浇透水1次，之后保持土壤湿润即可，下雨时要防止积水。

土壤： 喜腐殖质丰富、疏松肥沃、排水性良好的微酸性沙壤土。忌碱土和连作。

应用

高茎品种适用于切花或配置花境，也可丛植于草坪边缘；中、矮品种适宜盆栽，可放在天台、阳台，或者通风、透光的客厅里作为装饰。

小贴士

栽培过程中切忌灌水过量，但定植后1周内需水量较多，应浇足，发芽后需水量减少，尤其是在开花时水分不能多，浇水应做到少量多次。如果过于干燥，生长会显著变缓。郁金香生长期间，空气湿度以保持在80%左右为宜。

病虫害防治

郁金香的病害主要有腐朽菌核病、灰霉病和碎色花瓣病。防治方法首先是尽可能选用无病毒种球，并进行土壤和种球的消毒，及时焚烧病球、病株等，然后每半个月用5%苯菌灵可湿性乳剂2500倍液喷杀。郁金香的虫害主要有蚜虫和根螨，蚜虫一般采用40%乐果乳剂1000倍液喷杀。

别名：洋荷花、草麝香、郁香 | 科属：百合科，郁金香属 | 花期：3～5月

君子兰 *Clivia miniata* Regel Gartenfl.

君子兰原产于非洲南部亚热带山地森林中，为多年生常绿草本。君子兰具有很高的观赏价值，放在家中既可观赏，又能美化家居环境、清洁空气。君子兰是一种喻意美好的花卉，它的拉丁文名字含有富贵、高尚、美好、壮丽的意思。在中国，君子兰的命名是因为它有着君子般的品格和风采。君子兰的寿命达几十年或更长。君子兰是中国吉林省长春市的市花。

漏斗状花朵

花直立生长，花瓣呈长椭圆形，先端微向外弯

特征识别

多年生草本。基生叶质厚，叶形似剑，叶片革质，深绿色。伞形花序顶生，有数片覆瓦状排列的苞片，每个花序有小花 7～30 朵；花葶自叶腋中抽出；花漏斗状，直立，黄色或橘黄色、橙红色。

生活习性

温度： 生长适温为 18～28 ℃。

光照： 喜半阴的环境。

水分： 保持土壤湿润。

土壤： 喜肥厚、排水性良好的土壤和湿润的土壤。

应用

君子兰可用于园林、庭院栽植或作盆栽等。

养护要点

倒盆换土： 君子兰长大后，就需要给它换一个大盆，这就是“倒盆换土”。换土时间最好选择春、秋两季，因为这时君子兰生长旺盛，不会因换土影响植株的生长。换土最关键的一点就是要把根部用土装实，倘若根部没有土，那么水分和养分就达不到根部，易造成烂根。

避暑： 盛夏时节，气温常在 30 ℃以上，这对君子兰的生长极为不利。可将君子兰连盆一起埋进沙子里（将盆埋没），然后在沙子上每日早晚各洒水 1 次。这样，既能使盆土保持湿润，又可以借沙子里水分蒸发时的吸热作用达到降温目的。

别名：剑叶石蒜、达木兰 | 科属：石蒜科，君子兰属 | 花期：2～4 月

杜鹃 *Rhododendron simsii* Planch.

“闲折两枝持在手，细看不似人间有。花中此物似西施，芙蓉芍药皆嫫母。”这是白居易将杜鹃比作西施的优美诗句。杜鹃是中国十大名花之一，它花美、叶美，用途广泛，是当今世界上最著名的花卉之一。杜鹃花属于小灌木，有常绿性的，也有落叶性的。北半球温带地区均有杜鹃花的分布。目前，全世界有 900 多个品种的杜鹃花，中国就有近 600 种。杜鹃花颜色艳丽多样，有深红色、淡红色、玫瑰色、紫色、白色、黄色等。当春季杜鹃花开放时，满山鲜艳如红霞绕林，十分漂亮。

花冠外面被鳞片，内面无毛

分枝纤细，幼枝被鳞片及细柔毛

革质叶片，上面深绿色，有光泽

特征识别

落叶灌木。分枝多而纤细。叶革质，常集生于枝端，卵形、椭圆状卵形或倒卵形等。花芽卵球形，鳞片外面中部以上被糙伏毛；花朵簇生于枝顶，每簇花有 2~6 朵；花冠阔漏斗形，玫瑰色、鲜红色或暗红色。

生活习性

温度：生长适温为 12~25 ℃，夏季气温超过 35 ℃，则新梢、新叶生长缓慢，处于半休眠状态。冬季露地栽培杜鹃，要采取措施进行防寒，以保其安全越冬。观赏类的杜鹃中，西洋杜鹃抗寒力最弱，气温降至 0 ℃以下容易发生冻害。

光照：杜鹃性喜凉爽、湿润、通风的半阴环境，既怕酷热又怕严寒。夏季要防晒遮阴，冬季应注意保暖防寒。忌烈日暴晒，适宜在光照强度不大的散射光下生长，光照过强，嫩叶易被灼伤，新叶老叶出现焦边，严重时会导致植株死亡。

水分：每 2 天浇 1 次水。

土壤：喜酸怕碱，要避免栽植在碱性和含钙质较多的土壤中；庭园露地种植，不要靠近水泥、砖墙或用过石灰的地方。

别名：山石榴、映山红 | 科属：杜鹃花科，杜鹃花属 | 花期：4 ~ 5 月

应用

杜鹃常在林缘、溪边、池畔及岩石旁成丛成片栽植，也在疏林下散植；适合栽种在庭园中作为绿篱屏障；杜鹃专类园极具特色。

小贴士

杜鹃的花、根、茎、叶均可供药用，入药的杜鹃植株都是粉红色的，黄色和白色杜鹃的植株和花内均含有毒素，误食后会引起中毒，不可食用或入药用。

鉴别

白花杜鹃

幼枝开展，分枝多。叶纸质，披针形至卵状披针形或长圆状披针形，上面深绿色，混生短腺毛。伞形花序顶生，有花 1～3 朵；花萼绿色，裂片 5 片，披针形；花冠白色或淡红色，阔漏斗形。

白花杜鹃喜凉爽、湿润的气候，厌恶酷热、干燥。种植要求富含腐殖质、疏松、湿润及 pH 值在 5.5~6.5 的酸性土壤。

岭南杜鹃

植株高 1～3 米，分枝多，幼枝密被红棕色的糙伏毛；老枝灰褐色，密被红棕色或深褐色糙伏毛。叶革质，集生于枝端，椭圆状披针形至椭圆状倒卵形。伞形花序顶生，有花 7～16 朵；花冠狭漏斗形，丁香紫色。

岭南杜鹃生于海拔 500～1250 米的山丘灌丛中。因其花长得美丽，具有很好的栽培和园艺价值。

西洋杜鹃

植株矮小，枝、叶表面疏生柔毛，分枝多，叶互生，叶片卵圆形或长椭圆形，深绿色。总状花序，花顶生，花冠阔漏斗形，花有半重瓣和重瓣，花色有红色、粉色、白色、玫瑰红色和双色等。

西洋杜鹃是荷兰、比利时用皋月杜鹃、映山红及白花杜鹃等反复杂交而育成的，是杜鹃花中最美的一类，也是世界盆栽花卉生产的主要种类之一。

风信子 *Hyacinthus orientalis* L.Sp.Pl.

风信子原产于欧洲南部地中海沿岸及小亚细亚一带，如今世界各地都有栽培。荷兰人尤其钟爱风信子，在 18 世纪栽种非常流行，当时有记录的品种已经超过 2000 个。20 世纪 50 年代开始，中国各地植物园和公园开始有少量栽培，用于花坛观赏。直到 20 世纪 80 年代以后，风信子的栽培才在中国各地有较大的发展。

特征识别

多年生草本。地下茎球形，叶厚，带状披针形。总状花序顶生，小花 10～20 朵密生于上部，多横向生长，漏斗形；花被筒形，上部 4 裂；花冠漏斗状，反卷。常见栽培品种有红色、黄色、蓝色、白色、紫色等。

生活习性

温度： 风信子习性喜阳、耐寒，适合生长在凉爽、湿润的环境。

光照： 喜阳光充足和半阴的环境。

水分： 保持盆土湿润，忌积水。

土壤： 选择排水性良好、不太干燥的沙壤土为宜，要求土壤肥沃、有机质含量高、团粒结构好、中性至微碱性。

应用

风信子是春季布置花坛及草坪边缘的优良宿根花卉，也可盆栽、水养或作切花。

小贴士

风信子的花香可以提神醒脑，放在卧室可能会导致失眠。虽然风信子的香味无毒，但毕竟植物的香味中都有芳香性的酮类等化学物质，若少量吸入，人体可以通过代谢排出体外，但长期大量吸入，会增加内脏负担，影响人体健康。所以，将风信子放在客厅等空气流通处即可。

别名：洋水仙、西洋水仙 | 科属：天门冬科，风信子属 | 花期：3～4 月

玉兰 *Yulania denudata* (Desr.) D.L.Fu

“霓裳片片晚妆新，束素亭亭玉殿春。已向丹霞生浅晕，故将清露作芳尘。”玉兰是中国特有的名贵园林花木之一，原产于长江流域，在庐山、黄山、峨眉山等处尚有野生。玉兰花盛开时，花瓣展向四方，使庭院青白片片，白光耀眼，具有很高的观赏价值；加上清香阵阵，沁人心脾，实为美化庭院之理想花卉。花开时异常惊艳，满树花香，花叶舒展而饱满，虽然花期短暂，但开放之时特别绚烂，代表一种一往无前和决绝的孤勇，优雅且款款大方。

小枝粗壮，灰褐色

纸质叶，柔韧、较薄，呈倒卵形、宽倒卵形

花瓣长圆状倒卵形

卵圆形的花蕾

叶柄上有柔毛

特征识别

落叶乔木。高可达 25 米。枝广展形成宽阔的树冠。叶纸质，倒卵形、宽倒卵形等；叶柄被柔毛。花蕾卵圆形，花先叶开放，直立；花梗密被淡黄色长绢毛；花瓣有 9 片，白色，基部常带粉红色。

生活习性

温度： 生长适温以 20 ~ 25 ℃为宜。

光照： 性喜光，较耐寒，可露地越冬。

水分： 喜高燥，忌低湿，栽植地渍水易烂根，生长期每 30 天浇 1 次水。

土壤： 喜肥沃、排水性良好而带微酸性的沙壤土，在弱碱性的土壤中亦可生长。

应用

作为植株，玉兰可以用于公园、花园、庭院栽植等。

玉兰含有多种维生素和生物碱，还有独特的挥发油，入药后有宣肺通鼻和祛风散寒等功效，可辅助治疗头痛、痛经和鼻炎等症状，对皮肤真菌也有一定的抑制作用。

小贴士

玉兰能在一定程度上抵抗有害气体的威胁，有着特别的“吸硫”能力。所以，玉兰还被当作一种很好的防污绿化树种，广泛种植于被大气污染的地区。

病虫害防治

玉兰常见的病虫害有炭疽病、叶斑病、红蜡蚧、吹绵蚧、红蜘蛛、大蓑蛾、天牛等，一旦发现，可用药物喷杀。但是，如果有天牛蛀枝干及根茎部，有时可使树死亡，一旦发现有锯末屑虫粪，就应寻找虫孔，用棉球蘸敌敌畏原液塞进虫孔，再用泥封口，即可熏杀。

别名：白玉兰、玉兰花、玉堂春 | 科属：木兰科，玉兰属 | 花期：3 ~ 5 月

鉴别

罗田玉兰

高 12~15 米，树皮灰褐色；幼枝紫褐色，无毛。叶纸质，倒卵形或宽倒卵形，长 10~17 厘米，宽 8.5~11 厘米，先端宽圆稍凹缺，具短急尖，基部楔形或宽楔形，上面深绿色，下面浅绿色，侧脉每边有 9~11 条；托叶痕约为叶柄长度的一半。花先叶开放，花蕾卵圆形，长约 3 厘米，外被黄色长柔毛，花瓣膜质，萼片状。花期为 3~4 月，果期为 9 月。

罗田玉兰产于中国湖北（罗田县大别山），生长于海拔 500 米的林间。

椭蕾玉兰

高 10 数米，树皮灰色，有灰白块状皮孔；小枝、叶柄及叶面无毛。叶纸质，倒卵形或宽倒卵形，长 5~9 厘米，宽 4.5~6.5 厘米，先端宽圆或微凹缺，有短急尖，基部楔形或宽楔形，上面深绿色，下面浅绿色，幼嫩时被白色平伏短柔毛，侧脉每边有 7~8 条；叶柄长 1.5~2 厘米；托叶痕为叶柄长的 1/4~1/3。花蕾椭圆形，被白色平伏短柔毛；花先叶开放，味道芳香，淡紫红色，上部色较淡，基部色较深，近倒卵状匙形。花期为 3 月，果期为 9~10 月。

椭蕾玉兰产于中国湖北远安，生长于海拔 700 米的林地。

宝华玉兰

高可达 11 米，树皮灰白色，平滑；嫩枝绿色，老枝紫色，疏生皮孔；芽狭卵形，顶端稍弯，被长绢毛。叶膜质，倒卵状长圆形或长圆形，长 7~16 厘米，宽 3~7 厘米，先端宽圆，具渐尖头，基部阔楔形或圆钝形，上面绿色，无毛，下面淡绿色，中脉及侧脉有长弯曲毛，侧脉每边有 8~10 条。花蕾卵形，花先叶开放，有芳香，直径约 12 厘米；花梗长 2~4 毫米，密被长毛。花期为 3~4 月，果期为 8~9 月。

宝华玉兰产于中国江苏（句容宝华山），生长于海拔约 220 米的丘陵地。

望春玉兰

叶互生。花先叶开放，直立，钟状，芳香，碧白色，有时基部带红晕。聚合果，种子心形，黑色。玉兰花白如玉，花香似兰，其树形魁伟，高可超过 10 米；树冠卵形，大型叶为倒卵形，先端短而突尖，基部楔形，表面有光泽，嫩枝及芽外被短茸毛。花期为 3 月，果期为 6~7 月。

望春玉兰产于中国陕西、甘肃、河南、湖北、四川等地区，生长于海拔 600~2100 米的山林间。

白玉兰

高可达 25 米，树冠幼时狭卵形，成熟后则呈宽卵形或松散广卵形。树体壮实，雄奇伟岸，生长势壮，节长枝疏，花量稍稀。嫁接种往往呈多干状或主干低分枝状特征，节短枝密，树体较小巧，但花团锦簇，远观洁白无瑕、妖娆万分。花期为 4~9 月，夏季盛开，通常不结实。

白玉兰产于中国福建、广东、广西、云南等地区。

荷花玉兰

树形高大，树皮淡褐色或灰色，薄鳞片状开裂。叶厚革质，椭圆形、长圆状椭圆形或倒卵状椭圆形，叶面深绿色，有光泽；叶柄有深沟。花白色，形似荷花；花瓣有 9~12 片，倒卵形。

紫玉兰

高可达 3 米，常丛生。叶椭圆状倒卵形或倒卵形。花蕾卵圆形，被淡黄色绢毛；花叶同时开放，瓶形，直立于粗壮、被毛的花梗上；花瓣有 9~12 片，外轮 3 片呈萼片状，紫绿色，披针形。

紫玉兰是中国特有的植物，分布在云南、福建、湖北、四川等地区，生长于海拔 300~1600 米的地区，一般生长在山坡、林缘。

海棠 *Malus spectabilis* (Ait.) Borkh.

海棠花姿潇洒，花开似锦，自古以来是雅俗共赏的名花，素有“花贵妃”“花尊贵”之称。海棠有“国艳”之誉，栽在皇家园林中，常与玉兰、牡丹、桂花相配植，形成“玉棠富贵”的意境。历代文人多用脍炙人口的诗句来赞赏海棠，陆游诗云“虽艳无俗姿，太息真富贵”，形容海棠艳美高雅。西府海棠、垂丝海棠、贴梗海棠和木瓜海棠，共称“海棠四品”，是重要的温带观花树木。

特征识别

乔木，高可达 8 米。小枝粗壮，圆柱形。叶片椭圆形至长椭圆形，老叶无毛。花序近伞形，花 4 ~ 6 朵，花梗有柔毛；膜质的披针形苞片早落；花萼筒外面无毛或有白色茸毛；萼片为三角卵形，先端急尖，全缘，萼片比萼筒稍短；卵形花瓣，淡红色或白色。果梗细长，果实近球形。

生活习性

温度： 耐寒，以 15 ~ 20 ℃为宜。

光照： 喜温暖、光照充足的环境。

水分： 见干见湿，土壤干则浇水。

土壤： 以排水性良好、疏松的中性土壤为宜。

应用

海棠多为用作城市绿化、美化的观赏花木。

小贴士

贴梗海棠的别名是皱木瓜，而木瓜也叫木瓜海棠。实际上，木瓜和海棠是同一个科两个属的植物。木瓜是蔷薇科木瓜属的（如贴梗海棠、木瓜海棠），海棠是蔷薇科苹果属的（如垂丝海棠、西府海棠）。两者从植物分类上看是有亲戚关系的，所以样子有点像。

别名：海棠花、花贵妃、花尊贵 | 科属：蔷薇科，苹果属 | 花期：3 ~ 5 月

病虫害防治

蚜虫会危害嫩绿的枝叶，吸取汁液，导致新梢停止生长、叶片出现扭曲回缩的现象，还会带来煤污病和传播病毒病，是海棠花在春季容易发生的病虫害。

最直接的解决办法就是剪去出现害虫的嫩枝，也可用吡虫啉水分散剂、高效氯氟氰菊酯水乳剂、丁硫克百威乳油、啶虫脒水分散剂等药剂防治。

鉴别

木瓜海棠

落叶灌木，原产于中国。枝条直立开展，有刺。单叶互生，卵形，边缘有锯齿，两面光滑无毛。花先叶开放，3~5 朵簇生，花梗极短，花瓣有 5 片，猩红色、淡红色或白色，花期为 4 ~ 5 月。梨果，球形或卵球形，黄色或黄绿色，果期为 9 ~ 10 月。

分布于中国陕西、湖北、广西等地区。

垂丝海棠

高可达 5 米，树冠开展。叶片卵形或椭圆形至长椭卵形。伞房花序，有花 4 ~ 6 朵，花梗细弱、下垂，有稀疏柔毛，紫色；萼筒外面无毛，萼片三角卵形；花瓣倒卵形，基部有短爪，粉红色。花期为 3 ~ 4 月，果期为 9 ~ 10 月。

分布于中国江苏、浙江、安徽、陕西、四川和云南等地区。

贴梗海棠

落叶灌木。小枝紫褐色或黑褐色，有刺。叶片卵形至椭圆形，先端急尖，基部楔形至宽楔形，边缘具尖锐锯齿。花先叶开放，3~5 朵簇生于二年生枝上；萼筒钟形，萼片直立，半圆形，先端圆钝；花瓣猩红色、淡红色或白色，倒卵形或近圆形。果实黄色或带黄绿色，球形或卵球形，有稀疏的不明显斑点。花期为 3~5 月，果期为 9~10 月。

分布于中国华东、华中和西南地区。

西府海棠

高可达 5 米，树枝直立性强；小枝细弱，圆柱形，嫩时被短柔毛，老时脱落，紫红色或暗褐色，具稀疏皮孔。叶柄长 2 ~ 3.5 厘米。伞形总状花序，有花 4 ~ 7 朵，集生于小枝顶端；花梗长 2 ~ 3 厘米，嫩时被长柔毛，逐渐脱落。花期为 4 ~ 5 月，果期为 8 ~ 9 月。

分布于中国云南、甘肃、陕西、山东、山西、河北、辽宁等地区。

丁香 *Syringa oblata* Lindl.

丁香是早期香料贸易的重要商品，原产于印度尼西亚摩鹿加群岛。其香气馥郁，味辛辣，常用于食品（特别是肉食及面包之类）调味。过去，丁香几乎仅在印度尼西亚栽培，17 世纪初，荷兰人拔除了安汶岛和特尔纳特岛以外岛屿的丁香树，以减产而获利。18 世纪后期，法国人将丁香从东印度私运到印度洋岛屿及美洲，这才打破了荷兰对丁香市场的垄断。据民间说法，汉代称丁香为鸡舌香，用于口含，汉朝大臣向皇帝起奏时，必须口含鸡舌香除口臭。唐代的丁香从印度尼西亚进口，用于烹调和入酒，也用于制造丁香油。

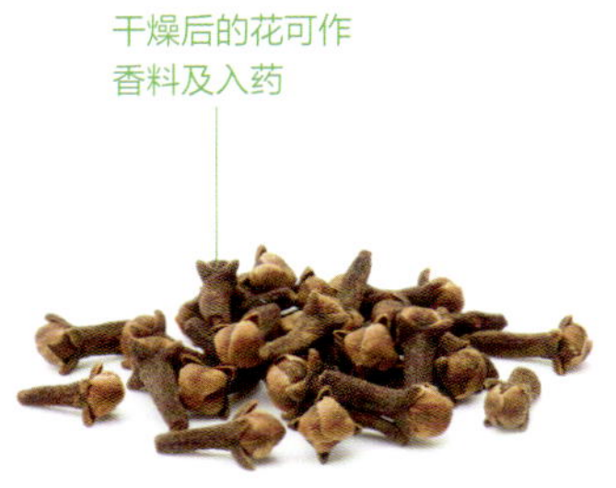

特征识别

灌木或小乔木。小枝近圆柱形或带四棱形，具皮孔；冬芽被芽鳞，顶芽常缺。叶对生，叶片革质或厚纸质，卵圆形至肾形。聚伞状花序直立，由侧芽抽生，近球形或长圆形；花冠白色或淡紫色，花冠管呈圆柱形，裂片呈直角开展，卵圆形、椭圆形至倒卵圆形。

生活习性

温度：以 15~35 ℃为宜。

光照：喜充足阳光，也耐半阴，适应性较强。

水分：每 10 天浇 1 次水。

土壤：以排水性良好、疏松的中性土壤为宜，忌酸性土壤。

应用

丁香可用于园林、庭院、草坪栽植或作盆栽、切花等。

小贴士

丁香对二氧化硫及氟化氢等多种有毒气体都有较强的抗性，因此是工矿区等绿化、美化的良好植物。

鉴别

白丁香

为紫丁香的变种，与紫丁香的主要区别是叶较小，花为白色。叶片纸质，单叶互生，卵圆形或肾形，先端锐尖。花白色，有单瓣、重瓣之别，花端 4 裂，筒状，呈圆锥形花序。

紫丁香

叶片革质或厚纸质，卵圆形至肾形。圆锥形花序直立，由侧芽抽生，近球形或长圆形；花冠紫色，花冠管呈圆柱形，裂片呈直角开展，卵圆形、椭圆形至倒卵圆形。

别名：洋丁香 | 科属：木樨科，丁香属 | 花期：3 ~ 5 月

紫藤 *Wisteria sinensis* (Sims) DC.

紫藤原产于中国，朝鲜、日本有分布。华北地区多有分布，以河北、河南、山西、山东最为常见。华东、华中、华南、西北和西南地区均有栽培。中国南至广东，普遍栽培于庭园，以供观赏。上海有紫藤镇、紫藤园，苏州亦有古藤。紫藤的主要培育繁殖基地有江苏、浙江、湖南等地。

特征识别

大型藤本。茎粗壮，左旋；嫩枝黄褐色，被白色绢毛。叶纸质，卵状椭圆形或卵状披针形，先端小叶较大，基部 1 对最小。总状花序生于去年短枝的叶腋或顶芽，花梗细；花冠紫色，长 2~2.5 厘米，旗瓣反折。

生活习性

温度： 生长适温为 5~25 ℃。

光照： 喜光照充足的环境。

水分： 保持土壤湿润。

土壤： 不择土壤，在排水性良好、疏松肥沃的沙壤土中生长较佳。

应用

紫藤可用于园林棚架绿化或盆栽等，也可栽于湖畔、池边、假山、石坊等处，具独特风格。

紫藤的花朵可以水焯后凉拌，也可以裹面油炸，还可以制作紫萝饼、紫萝糕等风味面食。

繁殖方式

紫藤繁殖容易，可用播种、扦插、压条、分株、嫁接等方法进行，其中应用最多的是扦插。

药用价值

紫藤以茎皮、花及种子入药。紫藤可以提炼芳香油，并可以解毒、止吐泻。紫藤的种子有小毒，含有氰化物，可以治疗筋骨痛，还能防止酒腐变质。紫藤皮可以杀虫、止痛，可以治风痹痛、蛲虫病等。

养护要点

紫藤发枝能力强，花芽着生在一年生枝的基部叶腋，长于枝顶端易干枯，因此要对当年生的新枝进行回缩，剪去 1/3~1/2，并将细弱枝、枯枝齐分枝基部剪除。

别名：紫藤萝 | 科属：豆科，紫藤属 | 花期：4 ~ 5月

油麻藤 *Mucuna sempervirens* Hemsl.

萼筒宽杯形

旗瓣圆形，先端凹陷

花序下垂，花朵密集

油麻藤生长迅速、蔓茎粗壮，叶繁荫浓，花序悬挂于盘曲老茎，形如小鸟，奇丽美观，是南方地区优良蔽荫、观花植物。油麻藤的别名在《经济植物手册》中记载为常绿油麻藤；在湖北叫牛马藤，在陕西叫牛麻藤、老鸦枕头。油麻藤的茎藤可作药用，有活血祛瘀、舒筋活络之效。作为一种适应性强、生长快、绿化优良、观赏性较强的木质藤本，油麻藤还具有良好的生态保护作用。

特征识别

常绿木质藤本。三出羽状复叶，互生，革质，顶生小叶椭圆形或卵状椭圆形，侧生小叶斜卵形，全缘。总状花序，每节上有3朵花，花较大，盛开时像成串的小雀；花冠深紫色或紫红色；花萼外被暗褐色短毛。荫果三棱状扁球形，长约5毫米，宽约8毫米，每室具种子3~5颗。

生活习性

温度：生长适温为20~30℃。

光照：喜温暖、半阴的环境。

水分：保持土壤湿润。

土壤：不择土壤，在排水性良好、疏松肥沃的沙壤土中生长较佳。

应用

油麻藤是园林价值较高的垂直绿化藤本，也作为油麻藤属植物在园林绿化中较常见的种类。利用油麻藤，可以保护墙面，遮掩垃圾场所、厕所、车库、水泥墙、护坡、阳台、栅栏、花架、绿篱、凉棚、屋顶绿化等，其适应性强，生长速度快，占地面积少，具有较强的抗逆性，对土壤要求不高。

油麻藤还可防暑降温、吸收尘埃、减少噪音、净化空气，并且对硫、氯等有害气体有较强的吸附能力和净化能力；同时可以利用它进行环境治理，净化空气、美化环境、稳固土壤，大大提高环境质量，起到良好的生态保护作用。

别名：牛马藤、大血藤、常绿油麻藤、常春油麻藤 | 科属：豆科，油麻藤属 | 花期：4~5月

紫荆 *Cercis chinensis* Bunge

紫荆原产于中国。皮、果木、花皆可入药，其种子有毒。紫荆把根深深扎入百姓的庭院中，一直是家庭和美、骨肉情深的象征。晋代文人陆机有诗云：“三荆欢同株，四鸟悲异林。”后来逐渐演化为兄弟分而复合的故事。

特征识别

从生或单生灌木。高 2~5 米；树皮和小枝灰白色。叶纸质，互生，近圆形，基部心形，叶片先端 2 裂，上面无毛，下面有稀疏的短柔毛，嫩叶绿色，叶缘膜质透明。花紫红色或粉红色，2~10 朵成束，簇生于老枝和主干上。

生活习性

温度：生长适温为 13~25 ℃。

光照：喜光照充足的环境。

水分：保持土壤湿润。

土壤：喜肥沃、排水性良好的土壤。

鉴别

白花紫荆

高可达 5 米。小枝灰白色，无毛。叶近圆形或三角状圆形，先端急尖，基部浅或深心形，两面通常无毛，叶缘膜质、透明；叶柄无毛。花白色，2~10 朵成束，簇生于老枝和主干上，尤以主干上花束较多；子房嫩绿色，花蕾时光亮无毛，后期则密被短柔毛。

分布于中国东南部，北至河北，南至广东、广西，西至云南、四川，东至浙江、江苏和山东。

短毛紫荆

灌木，高 2~3 米，为紫荆的变型。主要特征是幼枝、叶柄及叶背面沿脉均被短柔毛，是园林观赏植物，先花后叶，满树紫红，花色艳丽可爱，于园林、草坪、城市绿地、道路交叉口、建筑物旁等地栽植。

分布于中国江苏、浙江、安徽、湖北、贵州等地区。

别名：红紫荆、满条红 | 科属：豆科，紫荆属 | 花期：3 ~ 4 月

无忧花 *Saraca dives* Pierre

无忧花产自中国云南东南部至广西西南部、南部和东南部。广州华南植物园有少量栽培。越南、老挝也有分布。普遍生长于海拔200~1000米的密林或疏林中，常见于河流或溪谷两旁。无忧花为常绿乔木，枝叶浓密。无忧花属偏阳性树种，喜充足阳光，对水肥条件要求稍高，病虫害少，容易管理，集绿化、美化、彩花于一身。

花丝突出，花药长圆形

花序大型，花多而密

特征识别

常绿乔木，高5~20米。嫩叶略带紫红色，下垂；小叶近革质，长椭圆形、卵状披针形或长倒卵形。花序腋生，花较大；总苞大，阔卵形；苞片卵形、披针形或长圆形；花黄色，后部变红色。

生活习性

温度：生长适温为23~30℃。

光照：喜阳光充足的环境。

水分：保持土壤湿润。

土壤：喜排水性良好、疏松、肥沃的酸性土壤。

应用

无忧花花大而美丽，是良好的庭园绿化和观赏树种。可放养紫胶虫；树皮可入药，治风湿病和月经过多。

植物文化

无忧花在开花的时候，满树都是黄色，就像是火炬一般，十分耀眼。远远地看上去，更像是金色的宝塔。

据说，佛教创始人释迦牟尼佛就诞生在此树之下，所以无忧花也被佛教视为圣树。

还有一种说法是，坐在无忧花树下，可以忘记所有的烦恼，无忧无虑。

别名：火焰花、袈裟树 | 科属：豆科，无忧花属 | 花期：4~5月

羊踯躅 *Rhododendron molle* (Blum) G.Don

羊踯躅生长于海拔1000 米的山坡草地或丘陵地带的灌丛或山脊杂木林下，羊食时往往踯躅而亡，故得此名。羊踯躅花朵美丽，颜色鲜艳，并具有较高的药用价值，为著名的有毒植物之一，同时也是众多杜鹃园艺品种的母本，具有极高的经济价值。

特征识别

落叶灌木。分枝稀疏，枝条直立，幼时密被灰白色柔毛及疏刚毛。叶纸质，长圆形至长圆状披针形。总状伞形花序顶生，花多达 13 朵；花萼裂片小，圆齿状；花冠阔漏斗形，黄色或金黄色。蒴果长椭圆形，熟时深褐色，被毛，有宿存花萼，果胞间开裂，每室有多数种子。种子细小，淡棕色，扁卵形，边缘有薄膜翅。

生活习性

温度：生长适温为 15~ 25 ℃。

光照：喜半阴的环境。

水分：保持土壤湿润。

土壤：喜富含腐殖质、疏松、湿润及 pH 值在 5.5~6.5 的酸性土壤。

应用

羊踯躅用于园林种植或作盆栽等。

小贴士

羊踯躅有毒，其中毒反应有恶心呕吐、唾液分泌、腹泻、心跳先快后慢、血压下降、动作失调等。

花期控制

羊踯躅在秋季进行花芽分化，通过冷藏和加温处理，可以人为控制花期。要使羊踯躅提前开花，可将其移至温室培养，控温在 20~25 ℃，并经常在枝叶上喷水，保持 80% 以上的相对湿度，这样经过一个半月即可开花。要使羊踯躅延迟开花，可使形成花蕾的羊踯躅一直处于低温状态，控温在 2~4 ℃，盆干时浇水，夏、秋季移出室外，2 周后即可开花。

药用价值

《神农本草》及《植物名实图考》把它列入毒草类，可治疗风湿性关节炎、跌打损伤。民间通常称其为“闹羊花”。近年来，羊踯躅在医药工业上用作麻醉剂、镇痛药；全株还可作农药。

别名：黄杜鹃、闹羊花 | 科属：杜鹃花科，杜鹃花属 | 花期：3 ~ 5 月

风铃草 *Campanula medium* L.

风铃草原产于欧亚大陆的北部，植株粗壮，花朵为钟状，似风铃，花色多样且明亮素雅，在欧洲十分盛行，春末夏初在小庭院十分常见。风铃草的得名与其形状有关，因该花为小型铃铛状，生于花茎顶端，呈总状花序，花朵乳白色，悬垂着好像一串串小铃铛，十分娇美可爱，故名。因风铃草的花形有点像钟，故别称“钟花”。“钟花”一词取自拉丁语“*Campanula*”，即“钟”的意思。又因花形有点像中国古代的瓦筒，所以又叫瓦筒花。

钟形花冠，5 浅裂

花萼上生有刚毛状纤毛

叶面粗糙，叶缘有波状圆锯齿

特征识别

二年生草本。株高约 1 米，多毛。莲座叶卵形至倒卵形，叶片边缘有波状圆锯齿，粗糙；叶柄有翅；茎生叶小而无柄。总状花序，小花 1 朵或 2 朵茎生；花冠钟状，基部略膨大，花色有白色、蓝色、紫色及淡桃红色等。

生活习性

温度：生长适温为 13~15 ℃。

光照：喜光照充足的环境。

水分：保持土壤湿润。

土壤：喜含有丰富腐殖质、疏松、透气的沙壤土。

应用

风铃草主要用作盆栽，适于配置小庭园作花坛、花境材料，也可露地种植于花境。

养护要点

在风铃草的生长期不要积水，以免烂根；经常向植株喷水，以增加空气湿度，有利于植株生长。夏季高温时要注意通风，并喷水降温，避免烈日暴晒；春、秋季的生长期施腐熟的液肥 2~3 次；冬季移入室内越冬。

别名：钟花、风铃花、瓦筒花 | 科属：桔梗科，风铃草属 | 花期：4 ~ 6 月

诸葛菜 *Orychophragmus violaceus* (Linnaeus) O.E.Schulz

诸葛菜分布于中国辽宁、河北、山西、山东、河南、安徽、江苏、浙江、湖北、江西、陕西、甘肃、四川等地区。朝鲜亦有分布。生长于平原、山地、路旁或地边。诸葛菜是常见的野花，也是常见的园艺植物，春天的公园里常能见到。它生命力很强，对土壤、光照等条件要求较低，耐寒、耐旱。花朵不大，紫白相间，花形和颜色没有特异之处。如果只有一两棵诸葛菜，在百花丛中，不会引起大家的注意。

特征识别

一年生或二年生草本。株高 10～50 厘米；茎单一，直立。叶形变化大，基生叶和下部茎生叶大头羽状分裂，顶裂片近圆形或卵形，基部心形，有钝齿。花紫色或白色；花萼筒状，紫色；花瓣开展，有细脉纹。

生活习性

温度：生长适温以 15～25 ℃为宜。

光照：喜阳光充足的环境。

水分：保持土壤湿润。

土壤：喜疏松、排水性良好、肥沃适度的土壤。

小贴士

诸葛菜可食用，嫩茎叶去除苦味即可炒食；种子可榨油；全草入药，有开胃下气、利湿解毒、消肿的功效。

应用

诸葛菜可配植于树池、坡上、树荫下、篱边、路旁、草地、假山石周围、山谷中等。可以利用诸葛菜的高度和群体的色块作树裙装饰树干，如侧柏、油松的树干；因其直根系极长，可用于保持水土，储蓄水源，同时还能绿化荒坡，自成景观。

植株对比

诸葛菜与蓝香芥相似，但诸葛菜的花为茎上簇生，数量比蓝香芥少；蓝香芥为总状花序，花朵在一个茎上簇生。诸葛菜的叶片为大头羽状全裂；蓝香芥的叶片为椭圆形至披针形，呈暗绿色。诸葛菜的群体颜色要比蓝香芥浅。诸葛菜的花朵没有气味，蓝香芥则花香浓郁。

别名：二月蓝、紫金菜 | 科属：十字花科，诸葛菜属 | 花期：3～5 月

藿香蓟 *Ageratum conyzoides* L.

藿香蓟生于山谷、山坡林下或林缘、河边或山坡草地、田边或荒地上。从低海拔到海拔2800米的地区都有分布。原产于中南美洲，现已广泛分布于非洲全境，以及印度、印度尼西亚、老挝、柬埔寨、越南和中国等地。藿香蓟是理想的蜜源植物，根据养蜂人士观察试验，蜜蜂似乎偏爱紫花藿香蓟，因紫花藿香蓟的花粉含量丰富，可供蜜蜂生活和繁殖之用。藿香蓟开花时，毛茸茸的花球很可爱，当成群的蝴蝶和蜜蜂翩翩飞舞于层层紫色花海中，让人心中不由得升起一丝浪漫情怀。

叶对生，叶片卵形，边缘有圆锯齿

花序伞房状，密生于茎顶

小花全部为管状花

特征识别

一年生草本。茎披散，节间生根，被白色柔毛。叶对生，叶片卵形；上面沿脉处及叶下面的毛稍多。头状花序4~18个，在茎顶排成紧密的伞房状花序，花梗上有尘球短柔毛；钟状或半球形的总苞，长圆形或披针状长圆形的总苞片共有2层，边缘呈撕裂状；淡紫色或浅蓝色的花冠外面无毛或顶端有尘状微柔毛，檐部5裂。黑褐色瘦果上有白色稀疏的细柔毛。

生活习性

温度：喜温暖环境，以10~15 ℃为宜。

光照：喜光照充足的环境。

水分：保持土壤湿润。

土壤：对土壤要求不高。

养护要点

藿香蓟不耐寒，在霜冻来临前要移入室内，放在阳光充足处。夜间温度应在5 ℃以上，白天温度在10~15 ℃便能正常生长开花。每隔3~5天浇1次水，每半个月浇1次稀饼肥水。

应用

藿香蓟株丛繁茂、花色淡雅，常用来配植花坛和地被，也可用于小庭院、路边、岩石旁点缀。矮生种可盆栽观赏，高秆种用于切花插瓶或制作花篮。

药用价值

在非洲、美洲居民中，常将该植物全草作清热解毒用和消炎止血用。在南美洲，当地居民对用该植物全草治妇女非子宫性阴道出血，有很高的评价。中国民间用全草治感冒发热、痈疮湿疹、外伤出血、烧烫伤等。

别名：胜红蓟、一枝香 | 科属：菊科，藿香蓟属 | 花期：3 ~ 9月

鹤顶兰 *Phaius tancarvilleae* (L'Heritier) Blume

鹤顶兰生于海拔 700~1800 米的林缘、沟谷或溪边阴湿处。广布于亚洲热带和亚热带地区及大洋洲，具有较高的园艺价值。鹤顶兰花期长，具芳香，是极好的室内盆栽花卉。其假鳞茎可入药，味微辛，性凉，有小毒，有止咳祛痰、活血止血的功效，主治咳嗽痰多、咳血、跌打损伤、乳腺炎、外伤出血等症。

花葶直立，疏生大型鳞片状鞘

花瓣内面呈暗赭色或棕色

特征识别

植株高大。假鳞茎圆锥形；叶 2~6 片，互生于假鳞茎的上部，长圆状披针形。总状花序，有多数花；花葶从假鳞茎基部或叶腋抽出，圆柱形；花大，花瓣长圆形，背面白色，内面暗赭色或棕色。

生活习性

温度： 喜温暖、湿润环境，以 18~25 ℃为宜。

光照： 怕强光，喜半阴的环境。

水分： 保持土壤湿润。

土壤： 喜疏松肥沃、排水性良好、富含腐殖质的微酸性土壤。

应用

鹤顶兰适宜在林下阴湿处成片种植和盆花栽培，花还可作切花。

养护要点

鹤顶兰在春季进入生长期，此时应将其置于半阴环境，并保持土壤湿润，夏、秋季干热时向植株喷水雾，提高空气湿度。开花后的休眠期要控制浇水量。新芽长出后，每个月施肥 1 次，以含氮量高的肥料为主。

小贴士

鹤顶兰宜盆栽，作室内观赏花卉，适宜摆放在有适当遮阳的阳台、天棚位置，通风较好的洗手间也可以摆放。鹤顶兰一般不宜摆放在室内空调附近或通风不好的地方，这样不利于它的生长和开花。

病虫害防治

主要的病虫害有吹绵蚧、粉虱和蕉尾病等。可喷洒 50% 氧化乐果乳剂等及时进行防治。

别名：大白芨、鹤兰 | 科属：兰科，鹤顶兰属 | 花期：3 ~ 6 月

三角梅 *Bougainvillea spectabilis* Willd.

纸质苞片，呈叶状

苞片紫色或洋红色，长圆形或椭圆形

三角梅原产于南美洲的巴西，大约在 19 世纪 30 年代才引种到欧洲。三角梅喜温暖、湿润、阳光充足的环境，不耐寒，中国除南方地区可露地栽培越冬，其他地区都需盆栽和温室栽培。三角梅 3 朵聚生于 3 片红苞中，外围的红苞片大而美丽，有鲜红色、橙黄色、紫红色、乳白色等，常被误认为花瓣，因其形状似叶，故称其为“叶子花”。冬春之际，姹紫嫣红的苞片展现，给人以奔放、热烈的感受，因此又得名“贺春红”。三角梅的花可入药，有调和气血、调治白带等功效。

纸质叶片上面无毛，下面略微有一些柔毛，呈卵形或卵状披针形

枝呈下垂状，无毛或疏生柔毛

叶柄长约 1 厘米

特征识别

藤状灌木。茎粗壮，枝下垂，无毛或疏生柔毛。叶互生，纸质，呈卵形或卵状披针形，顶端渐尖或者急尖，有微柔毛。花顶生于枝端的 3 片苞片内，花梗与苞片中脉贴生，每片苞片上生 1 朵花，3 片苞片，为洋红色或紫色，呈椭圆形或者长圆形；花被管淡绿色，花柱呈线形，侧生，边缘扩展成薄片状，柱头略尖；花被管为狭筒形，长 1.6~2.4 厘米；花盘基部合生，呈环状，上部撕裂状。

生活习性

温度： 喜温暖、湿润气候，不耐寒，生长适温为 15~30 ℃。

光照： 喜充足光照。

水分： 喜湿，但怕积水，耐干旱。

土壤： 抗贫瘠能力强，在稍偏酸性或稍偏碱性土壤中均可正常生长。

应用

三角梅的苞片色彩丰富艳丽，且开花时间长，宜露地栽培在庭院中观赏，也可盆栽，摆放于光照条件好的阳台、天台；还可作为盆景，摆放于室内，其姿态优雅、富有韵味。

小贴士

三角梅能够监测甲醛。空气中的甲醛会与植物的蛋白质、核酸和脂类物质发生反应，伤害植物细胞。当空气中的甲醛含量较高时，三角梅叶尖会发黄，严重时植株会死亡。三角梅的茎、叶有毒，食用 12~20 片即可导致腹泻、便血等。

别名：三叶梅、贺春红、毛宝巾、簕杜鹃、三角花、叶子花 | 科属：紫茉莉科，叶子花属 | 花期：3 ~ 7月

紫叶李 *Prunus cerasifera* 'Atropurpurea'

紫叶李原产于亚洲西南部，中国华北及其以南地区广为种植，生长于海拔800~2000米的山坡林中或多石砾的坡地及峡谷水边等处。紫叶李的叶常年紫红色，是著名的观叶树种，孤植、群植皆宜，能衬托背景。尤其是紫色发亮的叶子，在绿叶丛中，像一株株永不败的花朵，在青山绿水间形成一道靓丽的风景线。

叶片边缘有圆钝锯齿

花朵直径为2~2.5厘米

特征识别

落叶小乔木。小枝暗红色，多分枝，枝条纤细，开展。叶片椭圆形、卵形或倒卵形，极少椭圆状披针形，边缘有圆钝锯齿，有时混有重锯齿，叶呈紫红色。萼筒钟状，萼片长卵形，先端圆钝；花瓣白色，长圆形或匙形，边缘波状，基部为楔形。核果近球形或椭圆形。

生活习性

温度：喜温暖环境，以15~25 ℃为宜。

光照：喜阳光充足的环境。

水分：保持土壤湿润。

土壤：对土壤适应性强，不耐干旱，较耐水湿，但在肥沃、深厚、排水性良好的中性、酸性黏质土中生长良好，不耐碱。

应用

紫叶李枝繁叶茂、叶片绽红，令人精神振奋，常植于建筑物前、院落内、河边、绿化隔离带、草坪旁及公园中小径两旁。

花语

紫叶李的花语是积极向上、幸福。它是人们对幸福生活的一种寄托，也是对我们生活的一种鼓励，代表着生活中积极向上的人们。

药用价值

紫叶李可食用，具有补中益气、润肠通便、止渴、养阴生津等功效。果实含有丰富的糖分及微量蛋白质、胡萝卜素、烟酸等成分，通常适合心悸气短、闭经、便秘、面黄肌瘦等症状的患者食用。

别名：红叶李、樱桃李 | 科属：蔷薇科，李属 | 花期：4～5月

木棉 *Bombax ceiba* Linnaeus

木棉是传统的观赏树木，在世界范围内分布于印度、斯里兰卡、中南半岛、马来西亚、印度尼西亚至菲律宾、澳大利亚北部。在中国分布于亚热带地区。木棉生长于海拔 1400 米以下的干热河谷及稀树草原，也可生长在沟谷季雨林内。《南州异物志》记载：“五色斑衣以丝布吉贝木所作……”吉贝即木棉的古称之一。宋元之后，随着棉花纺织技术的简化与产量的提高，木棉纺织技术因为过于复杂而逐渐被淘汰，仅在中国海南部分黎族聚居区保留了下来。目前，木棉已被选为中国攀枝花市、广州市、潮州市、高雄市的市花。

杯状花萼，有 3~5 个半圆形的萼齿

特征识别

树皮为灰白色，幼树的树干通常有圆锥状粗刺；分枝平展。掌状复叶，长圆形至长圆状披针形，顶端渐尖，基部阔或渐狭，全缘，两面均无毛；有羽状侧脉；叶柄长 10~20 厘米；小叶柄长 1.5~4 厘米。花单生于枝顶叶腋，花萼杯状，厚革质，较脆，外表棕黑色，有纵皱纹，内面密被淡黄色短绢毛，半圆形；花瓣肉质，倒卵状长圆形，通常为红色，有时为橙红色，两面均有星状柔毛，内面较疏。

生活习性

温度：喜温暖环境，以 20～30 ℃为宜。

光照：喜阳光充足的环境。

水分：保持土壤湿润。

土壤：喜排水性良好、土层深厚且肥沃的中性或稍偏碱性冲积土。

应用

木棉在非花季时枝繁叶茂，能够吸收大量二氧化碳，对空气中的浮尘有着较强的吸附作用，故而净化空气的能力很强，常作为行道树及景观绿化树种。

木棉果内的绵毛可作枕、褥、救生圈等的填充材料；种子油可作润滑油、制肥皂；木材轻软，可作蒸笼、箱板、火柴梗、造纸等用。

药用价值

花可供蔬食，入药可以清热除湿，能治细菌性痢疾、肠炎、胃痛；根皮可祛风湿、理跌打；树皮为滋补药，亦用于治痢疾和月经过多。

别名：吉贝、红棉树、英雄树 | 科属：锦葵科，木棉属 | 花期：3 ~ 4 月

迎春花 *Jasminum nudiflorum* Lindl.

迎春花与梅花、水仙和山茶统称为“雪中四友”，是中国常见的花卉之一。迎春花不仅花色端庄秀丽、气质非凡，而且具有不畏寒威、不择风土、适应性强的特点，历来为人们所喜爱。迎春花的栽培历史有1000 余年，唐代白居易的《代迎春花招刘郎中》、宋代韩琦的《中书东厅迎春》和明代周文华的《汝南圃史》中均有记载。

小枝四棱形

三出复叶对生

特征识别

落叶灌木。直立或匍匐，枝条下垂。叶对生，三出复叶。花单生于去年生小枝的叶腋；苞片小叶状，披针形、卵形或椭圆形；花萼绿色，窄披针形；花冠黄色，裂片 5～6 片，长圆形或椭圆形。

生活习性

温度：喜温暖环境，以15～20 ℃为宜。

光照：喜阳光充足的环境。

水分：保持土壤湿润。

土壤：喜疏松、肥沃和排水性良好的砂质土。

应用

迎春花枝条披垂，冬末至早春先花后叶，花色金黄，叶丛翠绿。在园林绿化中，宜配植在湖边、溪畔、桥头、墙隅，或草坪、林缘、坡地，房屋周围也可栽植，可供早春观花。迎春花的绿化效果突出，体现速度快，在各地都有广泛使用。栽植当年即有良好的绿化效果，在中国山东、北京、天津、安徽等地都有使用迎春花作为花坛观赏灌木的案例，江苏沭阳更是迎春花的首选产地。

病虫害防治

迎春花的常见病虫害为叶斑病和枯枝病，应及时剪去病枝，病情严重时可用 50% 退菌特可湿性粉剂 1500 倍液喷洒。虫害主要有蚜虫和大蓑蛾。

养护要点

春天花后要短剪，并施 1 次腐熟的饼肥或基肥，并在生长季每隔半个月施 1 次粪肥。在生长后期要增施一些磷钾肥，这样才能在修剪后，促进多发壮枝。

别名：小黄花、金腰带 | 科属：木樨科，素馨属 | 花期：2 ~ 4 月

栀子 *Gardenia jasminoides* Ellis

栀子原产于中国，世界范围内分布于日本、朝鲜、越南、老挝、柬埔寨、印度、尼泊尔、巴基斯坦，以及太平洋岛屿和美洲北部。中国多地均有栽培。其中，河南省唐河县的栀子获得“国家原产地地理标志认证”，为中国最大的栀子生产基地，有“中国栀子之乡”的美誉。栀子在唐代为文人雅士所喜爱，如唐代王建的《雨过山村》说：“雨里鸡鸣一两家，竹溪村路板桥斜。妇姑相唤浴蚕去，闲着中庭栀子花。”

花瓣卵形或倒长卵形

花瓣肉质，具芳香

叶革质或纸质，上面亮绿色，下面颜色较暗

果为卵形、近球形、椭圆形或长圆形，黄色或橙红色

特征识别

灌木。枝圆柱形。叶对生或 3 叶轮生，通常为长圆状披针形、倒卵状长圆形等。花芳香，多单朵生于枝顶；萼管倒圆锥形或卵形，裂片披针形或线状披针形；花冠白色或乳黄色，高脚碟状。

病虫害防治

栀子的病虫害主要有煤烟病和蚧壳虫。蚧壳虫可用竹签或小刷刮除，也可用 20 号石油乳剂加 100 ~ 150 倍水进行喷雾防治。煤烟病可用清水擦洗，或用多菌灵 1000 倍液喷洒防治。

生活习性

温度：喜温暖环境，以 16 ~ 18 ℃为宜。

光照：喜阳光充足的环境。

水分：保持土壤湿润。

土壤：喜疏松、排水性良好、肥沃适度的土壤。

应用

栀子是良好的绿化、美化、香化的材料，可成片丛植，或配植于林缘、庭前、庭隅、路旁作花篱，亦可用于街道和厂矿绿化。此外，栀子的花形较大，花色纯白，象征洁白无瑕，放于室内，观赏性较佳，花香怡人，适合装饰卧室、书房等，还能使人头脑清醒。

别名：黄栀子、山栀子 | 科属：茜草科，栀子属 | 花期：3 ~ 7 月

养护要点

夏季和初秋要遮阴或搬到阴凉处，冬季要防寒。避免大雨积水，造成烂根。开花时给予适当的光照，可使花香更浓。

给栀子浇水，可以选用淘米水或直接用雨水。如果是自来水，则放置 2~3 天后再用较好。

植物变株

①山栀子，果卵形或近球形，较小。②水栀子，果椭圆形或长圆形，较大。山栀子适于入药，水栀子适于用作染料。

繁殖方式

有种子繁殖、扦插繁殖、压条繁殖及分株繁殖等多种繁殖方式，其中扦插繁殖中的水插法最简便快捷，成活率可达 90% 以上。

小贴士

栀子是秦汉以前应用最广的黄色染料，栀子的果实含有黄酮类栀子素，还有藏红花素等，用于染黄的物质为栀子黄色素。《汉官仪》记载：“染园出栀、茜，供染御服。”说明当时染最高级的服装用栀子。古代用酸性材料来控制栀子染黄的深浅，欲得深黄色，则增加染料中醋的用量。用栀子浸液，可以直接将织品染成鲜艳的黄色，工艺简单。汉马王堆出土的染织品的黄色就是以栀子染色获得的。但栀子染黄耐日晒的性能较差，因此自宋以后，染黄又被槐花部分取代。

染色方法：将新鲜的栀子果捏碎，泡水 3 小时，过滤，即可取染液。将干栀子果放入热水中浸泡一夜，泡软后将果实剥开或捏碎，加火煎煮，煮沸后续煮 30 分钟，熄火，过滤取第一次染液；可重复煎煮，取 3~4 次染液。

鉴别

大花栀子

常绿灌木。枝绿色，幼枝具垢状毛。叶对生或 3 叶轮生；长圆状披针形或卵状披针形，先端渐尖或短尖，全缘，边缘白色，两面光滑，革质；具短柄；托叶膜质，基部合成一鞘。花大，单生于枝端或叶腋，白色，极香；萼裂片 6 片，线形状；花冠裂片呈倒披针形。

狭叶栀子

灌木。小枝纤弱。叶薄革质，狭披针形或线状披针形，顶端渐尖而尖端常钝，基部渐狭，常下延，两面无毛；侧脉纤细，在下面略明显。花单生于叶腋或小枝顶部，芳香；萼管倒圆锥形，萼檐管形；花冠白色，高脚碟状；花丝短，花药线形。

连翘 *Forsythia suspensa* (Thunb.) Vahl

连翘生于山坡灌丛、林下或草丛中，或者山谷、山沟疏林中，产于中国河北、山西、陕西、山东、安徽西部、河南、湖北、四川等地区。连翘树姿优美、生长旺盛。连翘开出的花与迎春花相似，游园的人们称之为“迎春花”，为春游踏青的人们营造出生机勃发、春意盎然的美丽景象。连翘是韩国首都首尔的市花。

绿色花萼

花冠黄色，花冠裂片明显长于花冠管

特征识别

落叶灌木。小枝呈圆柱形。叶互生，长圆形或长圆状披针形。花冠黄色，1~3 朵生于叶腋；伞形花序，腋生，1~3 朵呈簇状或短总状排列，开花前由 4 片交互对生的总苞片包裹，呈球形；总苞片近圆形，内面被有绢毛；花萼绿色，裂片长圆形或长圆状椭圆形，边缘具睫毛，与花冠管近等长。果卵球形、卵状椭圆形或长椭圆形，表面疏生皮孔。

生活习性

温度： 喜温暖环境，以 20～30 ℃为宜。

光照： 喜阳光充足的环境。

水分： 保持土壤湿润。

土壤： 不择土壤，在中性、微酸或碱性土壤中均能正常生长。

应用

连翘的花期长、花量多，盛开时满枝金黄，芬芳四溢，令人赏心悦目，是早春优良观花灌木，可以做成花篱、花丛、花坛等，在绿化美化城市方面应用广泛，是观光农业和现代园林难得的优良树种。

药用价值

连翘是临床应用极其广泛的清热解毒类中药材，其根、茎、叶、果实均可入药，但主要药用部分是果实。连翘有抗菌、强心、利尿、镇吐等药理作用，有抗微生物、抗肝损伤、抗炎、保护心血管系统等功效。常用连翘治疗急性风热感冒、痈肿疮毒、淋巴结核、尿路感染等症，作为双黄连口服液、双黄连粉针剂、清热解毒口服液、银翘解毒颗粒等中药制剂的主要原料。

小贴士

连翘属于野生植物油料，连翘籽含油率达 25%~33%，籽实油含胶质，挥发性好，可制造肥皂及化妆品，又可制造绝缘漆及润滑油等，还富含易被人体吸收、消化的油酸和亚油酸，油味芳香，精炼后是良好的食用油。

连翘提取物可作为天然防腐剂用于食品保鲜，尤其适合含水分较多的鲜鱼制品的保鲜。

别名：黄花条、青翘、黄寿丹 | 科属：木樨科，连翘属 | 花期：3 ~ 4 月

欧洲银莲花 *Anemone coronaria* L.

欧洲银莲花原产于欧洲南部和亚洲，主要生长于地中海地区，从西班牙到加拉利的山坡上也有。欧洲银莲花是“希望”和“爱恋”的象征。将红色和紫色的银莲花赠予恋人，表示“深切的爱”。

特征识别

多年生草本，高 40~45 厘米。茎粗壮，直立，主茎短。叶基生，3 裂或掌状深裂。花单生于茎顶，直径 10~12 厘米，有蓝紫色、白色、粉色和深红色等颜色。有单瓣、重瓣和双色、混色等栽培品种。瘦果密被绵毛。

生活习性

温度：喜温暖环境，以 15 ~ 20 ℃为宜。

光照：喜阳光充足的环境。

水分：保持土壤湿润。

土壤：喜疏松、排水性良好的沙壤土。

繁殖方法

10 月，将块茎分开，用水将块茎浸泡 1~2 天，膨大后再栽种，浇透水，放于向阳处，20 天可长出新叶。栽种时块茎头要朝上，勿使发芽部位倒置。6 月，随采随播，温度保持在 18~20 ℃，2 周后出苗。第二年春天可开花。

病虫害防治

欧洲银莲花的常见病害有锈病、叶霉病和菌核病，在块根栽植前，用 1000 倍升汞溶液消毒。发病初期用 25% 多菌灵可湿性粉剂 1000 倍液喷洒防治。虫害有蚜虫和潜叶蝇，可喷施 2.5% 鱼藤精乳油 1000 倍液或氧化乐果 1500 倍液，每隔 3~5 天喷洒 1 次，连续喷洒 3 次。

应用

欧洲银莲花花朵硕大，花色鲜艳美丽，无风而有风撼之姿，曾有“风花”之称。适宜于花坛、花境、草坪边缘和岩石园配植，颇显匠心独运。长花枝和重瓣品种可供切花和盆栽观赏，用盆栽欧洲银莲花点缀客厅和办公室，活泼而不失庄雅，轻盈而不失活力。

别名：星粟秋牡丹、风花 | 科属：毛茛科，银莲花属 | 花期：4 ~ 8 月

花毛茛 *Ranunculus asiaticus* L.

花毛茛原产于欧洲东南部和亚洲西南部。1596 年，由英国人引入进行人工栽培，在园林和切花中很常见。现在各国多有栽培，荷兰、英国、法国、美国、日本等栽培较多，并且培育出许多切花和盆栽品种。中国在 20 世纪 90 年代开始从荷兰、日本等引种，作为切花、盆栽和春季花卉展览用花在各大城市栽培。花毛茛叶似芹菜的叶，故常被称为“芹菜花”。

花生于枝顶

基生叶有长柄

茎生叶近无柄，羽状细裂，叶缘也有钝锯齿

特征识别

多年生宿根草本花卉。茎单生或少数分枝，有毛。基生叶阔卵形，有长柄；叶浅裂或深裂，裂片倒卵形，具齿。花单生或数朵顶生，花冠卵圆形，花瓣平展，每轮 8 片，错落叠层，有重瓣、半重瓣；花色有白色、黄色、红色、橙色、紫色和褐色等。

生活习性

温度：喜凉爽环境，以 10~20 ℃为宜。

光照：喜半阴的环境。

水分：保持土壤湿润。

土壤：喜排水性良好、肥沃、疏松的中性或偏碱性土壤。

应用

花毛茛花色鲜艳，与牡丹相似，是十分优良的切花和盆花材料，也可植于花坛、花境或林缘、草坪四周。盆栽装饰窗台、阳台、客厅、餐厅，格调高雅；瓶插于餐桌、镜前、卧室，温馨浪漫。

小贴士

花毛茛的休眠期多在炎热的夏天。在此期间，应及时剪去残花，停止浇水施肥，将其移到阴凉、干燥、通风的角落。

繁殖方式

花毛茛多以分株、播种或组织培养方式进行繁殖。分株繁殖多在秋季进行，将带根茎的块根掰开栽植即可。播种繁殖亦在秋季进行，适温为 10~15 ℃，约 3 周可萌芽。

食用价值

花毛茛是一种很好的蔬菜。花毛茛的样子长得很像牡丹，看起来赏心悦目，吃起来清新可口，可以说是一道色香味俱全的菜肴。它可以补充人体所需的营养，是一种营养价值很高的食材。

别名：芹菜花、陆莲花 | 科属：毛茛科，毛茛属 | 花期：4 ~ 5 月

榆叶梅 *Prunus triloba* Lindl.

榆叶梅的叶像榆树，其花像梅花，所以得名“榆叶梅”。榆叶梅在中国已有数百年的栽培历史，全国各地多数公园内均有栽植。其花量多，花色艳丽，早春开放，堪称“北方之梅花”，开花时花团锦簇，装点北国的明媚春光，深受人们喜爱。清代女词人顾太清在其《忆仙姿·咏戏瓶中榆叶梅寿丹》中写道：“瓶里春光如绣，榆叶梅花秾茂。妙色可人心，更有金丹延寿。”这首插花词用简练而富有情趣的语言描写了瓶插的榆叶梅和连翘（其中“寿丹”为连翘）。可见，榆叶梅早在清代就已被用来插花。

特征识别

灌木，稀小乔木。叶簇生或互生；叶片宽椭圆形至倒卵形。花1~2朵，先于叶开放；萼筒宽钟形，萼片卵形或卵状披针形，无毛；花瓣近圆形或宽倒卵形，先端圆钝，有时微凹，粉红色。

生活习性

温度：喜温暖环境，以15~25 ℃为宜。

光照：喜阳光充足的环境。

水分：保持土壤湿润。

土壤：喜排水性良好的沙壤土。

应用

榆叶梅枝叶茂密，花繁色艳，是中国北方园林、街道、路边等重要的绿化观花灌木树种。如果将榆叶梅种植在常绿树周围或假山等地，视觉效果更理想。

养护要点

当榆叶梅成活后，要注意浇好 3 次水，即早春的返青水、仲春的生长水、初冬的封冻水。早春的返青水对榆叶梅的开花质量和一年的生长至关重要。这次浇水不仅可以防止早春冻害，还可及时供给植株生长的水分。这次浇水宜早不宜晚，一般应在 3 月初进行，过晚则起不到防寒、防冻的作用。

别名：榆梅、小桃红 | 科属：蔷薇科，李属 | 花期：4 ~ 5 月

玛格丽特 *Argyranthemum frutescens* (L.)Sch.-Bip

玛格丽特原产于北非加那利群岛，因其纯真、清新可爱，倍受人们喜爱。16 世纪时，挪威的公主 Marguerite 很喜欢这种清新的小白花，于是以自己的名字为这种花取名，中文音译为“玛格丽特”。也因此，玛格丽特在西方又有“少女花”的别称，深受年轻女孩的喜爱。玛格丽特是春天的代表性花卉，在冷凉地区是多年生植物，成熟后茎的基部容易木质化，因此又被称为“木春菊”。玛格丽特通常生长在乡间的小路旁，也被称为“法兰西菊”。和中国人清明节带着菊花去祭拜逝者一样，法国人也会带上菊花或玛格丽特去祭拜逝者。

特征识别

常绿亚灌木。株高约 1 米，多分枝。叶互生，二回羽状线形深裂，裂片端突尖。头状花序，花朵直径为 3~6 厘米，具长花梗，着生在枝顶的叶腋间；四周的舌状花瓣白色或淡黄色，还有紫色品种；中央的筒状小花为黄色。

生活习性

温度： 喜凉爽、湿润环境，以 22～25 ℃为宜。

光照： 喜光照充足的环境。全日照才能正常生长开花，不宜在室内摆放太久，否则会有花茎萎软下垂、底部叶片黄化的现象。

水分： 保持土壤湿润。

土壤： 喜疏松、排水性良好、肥沃适度的土壤。

应用

玛格丽特的用途很广，除了作盆花使用，户外花坛大面积种植，或者剪下来作为切花花材都适用。其中，花坛应用宜作为中心焦点或列植衬底用，大面积种植亦可表现春天郊野繁花盛开的景象。

养护要点

因为其叶密，所以一定要保持良好的通风环境，否则容易受病害侵袭。生长太密的枝条可以整枝剪除用来作切花。开花期间一定要持续施加肥料，才能让植株有足够的养分供应花朵生长需要。

别名：少女花、木春菊、法兰西菊、木茼蒿 | 科属：菊科，木茼蒿属 | 花期：2 ~ 5 月

杏 *Prunus armeniaca* L.

叶互生，两面均无毛

杏原产于中国，分布很广。树龄长，可活 100 年以上，既能采果又能赏花，在果木生产和城市美化上都居重要地位。每年 3~4 月，各地会举办杏花节，为游人踏青、郊游及摄影提供好去处。杏是古老的花木，在约公元前 26 年问世的《管子》中就有记载，因此，杏在中国至少已有 2000 年的栽培历史。杏花还被选为黑龙江省佳木斯市市花。

小枝褐色或红褐色，有光泽

特征识别

落叶乔木。植条无毛，多年生枝浅褐色，一年生枝浅红褐色，有光泽。叶互生，阔卵形或圆卵形，边缘有钝锯齿。花单生，先于叶开放；花萼呈紫绿色，萼筒圆筒形，外面基部被短柔毛；萼片卵形至卵状长圆形；花瓣呈圆形至倒卵形，白色或带红色。果实近圆形，端正，果顶平，缝合线中；果皮金黄色，果肉淡黄白色；果核呈鸡心形、扁圆形或扁长圆形，浅黄色，略带红色，有光泽。

生活习性

温度：喜温暖环境，以 15～20 ℃为宜。

光照：喜阳光充足的环境。

水分：保持土壤湿润。

土壤：喜疏松、肥沃适度的土壤。

应用

杏在公园、绿地草坪、绿化带均可种植，可与苍松、翠柏配植于池旁湖畔或植于山石崖边、庭院堂前，颇具观赏性。庭院中如成列种植，春日里如云朵朵，非常壮观。

杏是常见水果之一，含有丰富的营养。杏可制成杏脯、杏酱等；杏仁主要用来榨油，也可制成食品，还可入药用，有止咳、润肠之功效；杏木质地坚硬，是做家具的好材料；杏树枝条可作燃料；杏叶可作饲料，也可作药物。

小贴士

苦杏仁一般用来入药，有小毒，不能多吃。未成熟的杏不可生吃。产妇、幼儿、病患，特别是糖尿病患者，不宜吃杏或杏制品。

别名：归勒斯、杏花、杏树 | 科属：蔷薇科，李属 | 花期：3 ~ 4 月

桃花 *Prunus persica* L.

桃树是中国传统的果树或园林花木，其树态优美、枝干扶疏、花朵丰腴、色彩艳丽，为早春重要的观花树种。桃花多在阳春三月开放，桃花大多为粉红色，鲜嫩艳丽，“满树和娇烂漫红，万枝丹彩灼春融”；也有一部分为白色，洁白纯净。桃花多的地方被称为“桃花源”，而桃花源又是人们理想中的世外仙境，魏晋诗人陶渊明有《桃花源记》一文流传千古。此外，有很多画家用画作表现过桃花或桃花源景象，园林中也多种植有桃树。

特征识别

落叶小乔木。树冠宽广而平展；小枝细长，无毛，有光泽。叶片呈窄椭圆形至披针形，边缘有细齿。花单生，先于叶开放；花萼筒钟形；花瓣呈长圆状椭圆形至宽倒卵形，粉红色，罕为白色。果实宽卵状长圆形或近球形，一侧有沟槽，被毛；核木质，坚硬，有沟槽及凹点。

生活习性

温度：喜温暖环境，以18～23 ℃为宜。

光照：喜阳光充足的环境。

水分：保持土壤湿润。

土壤：喜排水性良好、肥沃的沙壤土。

病虫害防治

桃树易发缩叶病，可在病初起时每半个月用波尔多液刷涂树干防治。虫害有蚜虫、刺蛾、天牛等，可人工捕捉或喷药杀除。

植物文化

桃花有着生育、吉祥、长寿的民俗学意义，象征着春天、爱情、美貌与理想世界。桃子寓意长寿、健康、生育。

应用

桃树可用于庭院、草坪、行道树栽植或作盆栽、切花等。

观赏价值

桃花有很高的观赏价值，是文学创作的常用素材。每年3~6 月，各地会以桃花为媒，举办不同的桃花节盛会。

药用价值

桃花可用于做桃花粥、桃花丸、桃花茶等，具有活血化瘀、美白祛斑、润肤悦色之功效，对肝郁气滞、血行不畅所致面色黯黑或见粉刺、痤疮、蝴蝶斑者均有作用。

别名：玄都花 | 科属：蔷薇科，李属 | 花期：3 ~ 6 月

鉴别

垂枝碧桃

落叶小乔木。高可达 8 米，小枝红褐色，无毛。叶呈椭圆状披针形，长 7~15 厘米，先端渐尖。花单生或 2 朵生于叶腋，重瓣，粉红色。其他变种有白色、深红色、洒金色（杂色）等。

白碧桃

乔木。干皮灰色。枝绿色，叶片呈椭圆状披针形或长圆状披针形，先端长渐尖，基部楔形，边缘有较密的锯齿，叶的两面无毛或下表面脉腋间有稀疏短柔毛。花常单生，先开花后出叶，花托杯状，洁白如玉，萼筒钟形，有短柔毛，萼片呈卵圆形或长圆状三角形，有短柔毛。果肉多汁，不开裂；果核表面有沟槽和皱纹。

紫叶桃

乔木。高 3~8 米；树冠宽广而平展；树皮呈暗红褐色，老时粗糙，呈鳞片状；小枝细长，无毛，有光泽，绿色，向阳处转变成红色，具大量小皮孔；冬芽圆锥形，顶端钝，外被短柔毛，常 2~3 个簇生。单叶互生，卵圆状披针形，叶边具细锯齿或粗锯齿，幼叶鲜红色。花单生，先于叶开放，直径为 2.5~3.5 厘米，重瓣，桃红色。核果球形，果皮有短茸毛。

樱花 *Prunus×yedoensis* Matsum.

樱花象征热烈、纯洁与高尚，被日本尊为国花。秦汉时期，中国宫廷就已种植樱花，距今已有 2000 多年的栽培历史。汉唐时期，樱花已普遍栽种在私家花园中。至盛唐时期，从宫苑廊庑到民舍田间，随处可见绽放绚烂的樱花。樱花的主要品种分布在中国西部和西南部，以及日本和朝鲜。中国北京、西安、青岛、南京、南昌等城市均有庭园栽培。园林观赏的樱花是通过园艺杂交衍生得到的品种。

花蕾为球状，
呈淡粉色

花柱基部有
疏柔毛

特征识别

落叶乔木。高 4~16 米，树皮灰色。小枝淡紫褐色，嫩枝绿色。叶片呈椭圆卵形或倒卵形，边缘有尖锐重锯齿，上面深绿色，下面淡绿色。花序伞形总状，总梗极短，有花 3~4 朵，花先叶开放，直径为 3~3.5 厘米，花瓣白色或粉红色。核果近球形，黑色，核表面略具棱纹。

生活习性

温度：喜温暖环境，以 15～20 ℃为宜。

光照：喜阳光充足的环境。

水分：保持土壤湿润。

土壤：喜土层深厚、肥沃、排水性良好的沙壤土。

应用

樱花色泽鲜艳亮丽，枝叶繁茂旺盛，是早春重要的观花树种，常用于园林观赏，可植于山坡、庭院、路边、建筑物前。樱花还可作小路行道树、绿篱或制作盆景。

小贴士

樱花可以作为一些加工性食品的添加材料，做成樱花饼或樱花糕，其制作而成的食物是比较美味的。此外，还可以用樱花制作樱花酒，供人们饮用，樱花酒有软化血管、调理气血的作用。

易发病虫害

常见病害有流胶病和根瘤病等，常见虫害有蚜虫、红蜘蛛、蚧壳虫等。

别名：仙樱花、福岛樱、青肤樱、荆桃 | 科属：蔷薇科，李属 | 花期：4 月

鉴别

红时雨

落叶乔木。树形杯状，嫩芽黄绿色带褐色。叶椭圆状倒卵形至长椭圆状倒卵形；先端尾状锐尖形，基部圆形至钝形，锯齿为重锯齿或单锯齿，先端长丝状，表面深黄绿色，背面淡黄绿色带白色；叶柄暗红紫色。伞状花序，有 3~5 朵花；花柄长约 2.5 厘米，小花柄长 3.5~4.5 厘米，花下垂；萼筒漏斗形；萼片长卵状三角形，全缘；花瓣椭圆形，长约 2.5 厘米，淡红紫色，外侧的花瓣深红紫色。

杨贵妃

嫩芽褐色带黄绿色。叶长椭圆形至长椭圆状倒卵形，先端尾状锐尖形，基部圆形；锯齿为细单锯齿或重锯齿、先端丝状；表面深绿色，背面绿色带白色。伞状花序，有 3~4 朵花；鳞片长约 1.5 厘米，淡黄绿色带红紫色；萼筒筒状钟形，长约 7 毫米；萼片三角状披针形，先端锐尖；花瓣约 20 片，倒卵状圆形至椭圆形，淡红色；倒挂钟形花瓣，花梗翡翠绿，花萼粉红色。

日本晚樱

乔木。小枝灰白色或淡褐色，无毛。叶片卵状椭圆形或倒卵状椭圆形；托叶线形。花序伞形总状或近伞形，有花 2 ~ 3 朵；总苞片褐红色，倒卵状长圆形；苞片褐色或淡绿褐色；花瓣粉色，倒卵形。

云南樱花

高可达 30 米。叶片呈长圆状卵形至长圆状倒卵形，长约 10 厘米，宽约 5 厘米，先端渐尖，边缘具单锯齿，背面中肋和细脉被长柔毛。花先叶开放，伞形总状花序，有短总梗，有 2~4 朵花，深红色；花瓣倒卵形，先端全缘或微凹，深粉红色。花期为 2~3 月。

龙吐珠 *Clerodendrum thomsoniae* Balf.f.

龙吐珠原产于热带非洲西部、墨西哥，为美丽的观赏植物，开花时深红色的花冠由白色的萼内伸出，状如吐珠。18 世纪中叶，英国旅行家科斯·汤姆森去非洲游历，无意中发现了这种花草，于是带回英国试种。当时的植物学家认为他是这种花草的第一个发现者，遂以他的名字命名。到了 19 世纪末期，马里开始栽种这种花草，自行改名为“珍珠宝塔”。到了 20 世纪初，它进入荷兰的国际花市，初时销量极少，华侨工人方福林针对顾客喜爱吉祥的心理，建议改用“龙吐珠”的花名来吸引顾客。此后，龙吐珠之名就流行全球了。

深红色裂片

特征识别

多年生常绿藤本。茎四棱形。单叶对生，深绿色，卵状矩圆形或卵形，叶脉由基部三出，全缘。聚伞花序，顶生或腋生，呈疏散状；花萼筒短，绿色，裂片白色，卵形；花冠筒圆柱形，5 片裂片，深红色。

生活习性

温度：喜温暖环境，以 18～24 ℃为宜。

光照：喜阳光充足的环境。

水分：保持土壤湿润。

土壤：地栽用肥沃、疏松和排水性良好的沙壤土；盆栽用培养土或泥炭土和粗砂的混合土。

应用

一般盆栽因受剪枝的限制，植株长得很矮，主要用于温室栽培观赏，可作花架，也可作盆栽，点缀窗台和夏季小庭院，也供公园或旅游基地砌作花篮、拱门、凉亭和各种图案等造型，为游客增添雅兴。

养护要点

茎叶生长期要保持盆土湿润，但浇水不可过量。水量过大时，会导致其只长蔓而不开花，甚至叶子发黄、凋落，根部腐烂死亡。夏季高温季节应充分浇水，适当遮阳。冬季要减少浇水量，使其休眠，以求安全越冬。

小贴士

龙吐珠不适宜摆放在阴暗、通风不好的室内环境。如果室内光线不足，会出现只长枝叶、开花不多的现象，甚至会出现叶子发黄或脱落的情况。

别名：麒麟吐珠、珍珠宝塔 | 科属：唇形科，大青属 | 花期：3 ~ 5 月

石斑木 *Rhaphiolepis indica* (Linnaeus) Lindley

石斑木分布于中国、日本、老挝、越南、柬埔寨、泰国和印度尼西亚，在中国分布于安徽、浙江、江西、湖南、贵州、云南、福建、广东、广西、台湾等地区。生长于海拔 150~1600 米的山坡、路边或溪边灌木林中。石斑木是华南区常见的野生植物之一，每年 4 月开花，是“春天的探路者”，所以也叫“春花”。石斑木有着独特的寓意，其开花的时候，寒冷的冬天刚刚过去，温暖的春天即将到来，所以石斑木一开花，就意味着温暖和希望即将降临人间，石斑木就像春天的使者一样，给人们带来生的希望和光明的前景。

叶互生，革质或薄革质

叶片表面暗绿色，边缘具锯齿

特征识别

常绿灌木。叶片集生于枝顶，卵形、长圆形，稀倒卵形或长圆状披针形，先端圆钝。顶生圆锥花序或总状花序；苞片及小苞片狭披针形；花萼 5 片，三角状披针形至线形。花瓣 5 片，白色或淡红色。

生活习性

温度： 喜温暖环境，以 18~20 ℃为宜。

光照： 喜阳光充足的环境。

水分： 保持土壤湿润。

土壤： 喜疏松、排水性良好、肥沃适度的土壤。

应用

石斑木花朵白里透红，春天开放，其叶、果等器官形态大小各异，十分奇特，因而具有较高的观赏价值。园林中可用于点缀草坪、园路两旁，与山石、亭阁等配植；也可用于庭院建筑物周围的美化和绿化；还可用作风景林绿化的灌木品种。作药用，可治腰膝酸痛、风湿痛、手足无力、皮肤溃疡红肿、跌打损伤。木材带红色，质重坚韧，可用来制作器物。

养护要点

枝叶生长期每个月施肥 1 次。花、果后修剪整枝，绿篱或造型树随时进行修剪，促使枝叶茂盛；老化植株施以重剪或强剪；大树根系疏少，不耐移植，以幼株或盆栽苗栽植为佳。

花瓣倒卵形或披针形，先端圆钝

别名：春花、白杏花 | 科属：蔷薇科，石斑木属 | 花期：4 月

菊花桃 *Prunus persica* 'Juhuatao'

菊花桃分布于中国北部及中部地区，因花形酷似菊花而得名。它的植株不大，叶片似桃花，花形奇特，花瓣小而细长，粉红色的花朵像极了盛开的菊花，像菊不是菊。“形似菊花实为桃花”说的就是它。

特征识别

落叶小乔木。干皮深灰色，小枝细长柔弱。叶片椭圆状披针形，先端渐尖，基部宽锥形，无毛，边缘具粗锯齿。花单生，形如小菊花，粉红色；花蕾卵形；花瓣披针状卵形，不规则扭曲，边缘呈不规则的波状。

生活习性

温度：喜温暖环境，以18～25 ℃为宜。

光照：喜阳光充足的环境。

水分：保持土壤湿润。

土壤：喜疏松、肥沃、排水性良好的中性至微酸性土壤。

繁殖方式

可用一年生的山桃、毛桃作砧木，在夏季芽接，接穗要用当年生的发育健壮、中段枝条上的芽，也可在春季用切接的方法繁殖。

养护要点

花前对植株稍微进行修剪，剪去枯枝、乱枝，使开花时的株型达到最佳状态。花后进行1次重剪，开过花的枝条只保留2~3个芽，以促进新枝形成开花枝。对于生长过旺的枝条，可在夏季进行摘心，以控制其长势，有利于其多形成花芽。盆栽植株冬季可放在室外避风向阳处或在冷室内越冬。每年春季换盆1次，栽种时放些腐熟的饼肥末、骨粉等作基肥。

应用

菊花桃植株不大，株型紧凑，观赏价值高，可用于庭院及行道树栽植，也可栽植于广场、草坪及庭院或其他园林场所。菊花桃可作盆栽观赏或制作盆景，也可剪下花枝瓶插观赏。

菊花桃的花可以泡成花茶，具有美容养颜的功效，可以嫩白肌肤、提亮肤色。

别名：菊瓣桃 | 科属：蔷薇科，李属 | 花期：3 ~ 4 月

朱顶红 *Hippeastrum rutilum* (Ker-Gawl.) Herb.

花被裂片长圆形，花丝红色

花冠喇叭状，花被裂片洋红色

叶带形，长约30厘米

朱顶红原产于巴西。朱顶红在生活中很常见，也就是我们通常所说的“对红”，只不过生活中常见的朱顶红大多是单瓣的红花品种，很多人家的院子里都会种一些，种下一个球，慢慢地就能长出一片，盛开之后，一簇簇的大红花也很漂亮。以巴西、荷兰的朱顶红为代表，品种多、花色丰富、花量大，且多为重瓣的大花品种，相对来说观赏价值更高，所以喜欢它的人也很多。

特征识别

多年生草本。鳞茎近球形，并有匍匐枝。叶 6 ~ 8 片，鲜绿色，带形。花 2 ~ 4 朵，花茎中空，稍扁，具有白粉；伞状花序，有花 2~4 朵，花大，漏斗状；佛焰苞状总苞片披针形；花被管绿色，圆筒状，花被裂片长圆形，洋红色，略带绿色。

生活习性

温度：喜温暖环境，不喜酷热，以 18 ~ 25 ℃为宜。

光照：喜阳光充足的环境。

水分：保持土壤湿润。

土壤：喜富含腐殖质、排水性良好的沙壤土。

小贴士

朱顶红具有改善空气质量的作用，能够吸收空气中的二氧化氮，还能吸附空气中的粉尘等。

应用

朱顶红花色鲜艳，花朵硕大，朝阳开放，极为壮观，且赏心悦目，可以配植于花坛或作切花。适宜盆栽，可作为室内几案、窗前的装饰品，也可陈列在庭园的亭阁、廊下。

养护要点

在秋季或冬季种植朱顶红球茎，并确保花盆不会太大。使用多功能堆肥土并加入珍珠岩，以保证排水性良好。不要把整个球茎都埋到堆肥土中，要露出“颈部”和“肩部”，则花期可以持续 6~8 周。定期转动花盆，以避免植株因为追光而长偏。朱顶红冬季进入休眠期，要求周围环境干燥，温度不能低于 5 ℃，一般只需将其移到室内避风的角落即可。

药用价值

朱顶红全株可入药，其性温，味甘、苦，无毒，入胃、脾经。主要用于各种肿痛、跌打损伤和瘀血红肿等，可煎汤内服，也可以研成末后加水调成膏进行涂抹。此外，朱顶红的花籽对于脾胃消化吸收功能十分有利，对脾阳亏、胃阴虚等症有很好的调理作用。

别名：孤挺花、百子莲、百枝莲、对红 | 科属：石蒜科，朱顶红属 | 花期：4 ~ 6 月

马蹄莲 *Zantedeschia aethiopica* (L.) Spreng.

叶柄比较长，叶片颜色翠绿，就像一个倒心脏的形状

佛焰苞张开呈马蹄形

马蹄莲原产于埃及、非洲南部，世界各地广泛栽培。挺秀雅致，因花苞洁白、宛如马蹄而得名。叶片翠绿，缀以白斑，可谓花叶两绝，是花卉市场上重要的切花种类之一。马蹄莲的花苞中心鲜黄色的肉质柱状物是花序，整个花序与花苞的形状颇似观世音菩萨端坐在圣洁的莲座上，所以它又叫“观音莲”。马蹄莲含苞待放的姿态有女性的矜持之美。白梗马蹄莲、红梗马蹄莲和青梗马蹄莲是最常栽培的品种。马蹄莲在欧美国家是新娘捧花的常用花，花色有白色、红色、黄色、银星、紫斑等，一般说白色的称为马蹄莲、彩色的叫海芋。

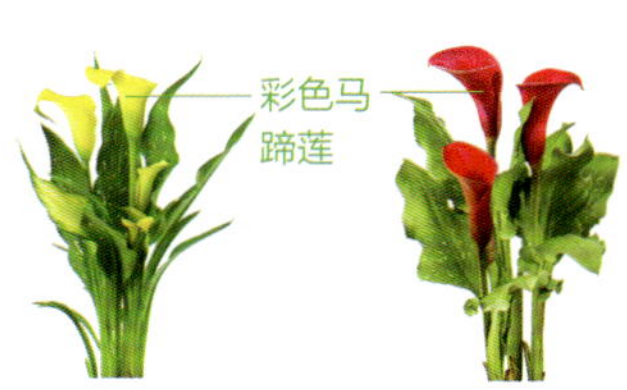

特征识别

多年生草本。块状根茎。叶基生，叶下部有叶鞘，叶片较厚，绿色，为心状箭形或箭形，先端有锐尖、渐尖或尾状尖头，基部呈心形或戟形，全缘。花梗着生于叶旁，高出叶丛，鲜黄色的圆柱形肉穗花序包藏于佛焰苞内，张开呈马蹄形。肉质果实包在佛焰苞内；浆果为短卵圆形，颜色多为淡黄色，有宿存花柱，且种子的形状多为倒卵状球形。

生活习性

温度： 耐寒力不强，10月中旬要移入室内。白天温度要保持在15~25 ℃，夜间温度要在13 ℃以上。

光照： 喜遮阴环境，花期则需要充足的阳光。

水分： 生长期要多浇水。

土壤： 喜肥沃、保水性能好的黏质土。

植株对比

马蹄莲与白掌同科不同属。马蹄莲具块茎，叶片比较厚且颜色为绿色；白掌为短根茎，有时候茎会变厚而呈木质化，叶片比较长，呈椭圆状披针形，叶片的两端比较尖，有很明显的叶脉，叶柄比较长。马蹄莲浆果呈短卵圆形，颜色为淡黄色，种子的形状呈倒卵状球形。

应用

马蹄莲花叶俱佳，常盆栽作室内陈设；在气候适宜地带，也适于配植庭园，尤其适合丛植于水池或堆石旁。此外，马蹄莲也是插瓶花、做花束和花篮的好材料。

药用价值

马蹄莲有清热解毒的功效，鲜马蹄莲块茎能调理烫伤并预防破伤风，但马蹄莲有毒，忌内服。

小贴士

在清明时节前后，应将马蹄莲移到遮阴处，让其进入夏季休眠状态。寒露前再将其移入室内，控制浇水量，使其顺利越冬。

别名：慈姑花、水芋、野芋、观音莲 | 科属：天南星科，马蹄莲属 | 花期：2 ~ 3月

康乃馨 *Dianthus caryophyllus* L.

康乃馨是优异的切花品种，矮生品种可用于盆栽观赏，花朵可提取香精。康乃馨体态玲珑、斑斓雅洁、端庄大方、芳香清幽，有很多园艺品种，耐瓶插，常用作切花，温室培养可四季开花，在中国广泛栽培观赏。在欧洲，康乃馨曾被用来治疗发热，在伊丽莎白时代曾被用为葡萄酒与麦酒的香料添加剂，以代替较贵的丁香。另有多个国家以康乃馨为国花，如摩洛哥、摩纳哥、捷克、洪都拉斯、土耳其、西班牙等。

特征识别

多年生草本。茎丛生，直立。叶片线状披针形，顶端渐尖。花常单生于枝端，花色丰富，有香气，有粉红色、紫红色或白色等；苞片宽卵形，顶端短凸尖；花萼圆筒形，萼齿披针形，边缘膜质；花瓣倒卵形，顶缘有不整齐的齿。

生活习性

温度：喜温暖环境，以 14～21 ℃为宜。

光照：喜阳光充足的环境。

水分：保持土壤湿润。

土壤：喜富含腐殖质，排水性良好的石灰质土壤。

植株对比

石竹花和康乃馨在株高上有区别，石竹花比较低矮，株型略松散；康乃馨略高一些，株型比较挺拔。石竹花的叶子呈宽针状，叶子偏小，叶色较浅；康乃馨的叶子较长，叶子颜色比较深。石竹花的花朵比较小，单瓣；康乃馨的花朵相对大一些，多为单生，重瓣。

小贴士

作切花时，要尽量摘除花枝上的大部分叶片，将花枝底部斜剪以增加吸水面积；插花水位不易太高，约为容器的 1/3 即可；经常换水，保证水质清洁，换水时滴入少量营养液；摆放在通风良好、有自然散光的环境中，忌强光直射。

应用

康乃馨花色品种繁多，花期长，主要用作切花，可用于卧室、餐桌、客厅等装饰，也可作室内盆栽观赏。

繁殖方式

常用播种和扦插法进行繁殖。播种需在 3~4 月进行；扦插时需要将花朵剪去，保留 1~2 个枝节，一般 10~20 天可生根。

别名：香石竹、大花石竹 | 科属：石竹科，石竹属 | 花期：4 ~ 8 月

金边瑞香 *Daphne odora* 'Aureomarginata'

苞片无毛，脉纹显著隆起

花色内浅外深，无毛

金边瑞香是瑞香的一个变种，原产于中国长江流域，生长在低山丘陵的荫蔽湿润地带。金边瑞香以“色、香、姿、韵”四绝著称于世，春节前后开放，满枝一团团、一簇簇，繁花似锦，清香浓郁，为新春增添祥瑞之兆，于是成为百姓家中春节之时增添祥瑞之物。金边瑞香不仅观赏价值高，而且能吸收二氧化碳，释放氧气，使室内空气中的负氧离子含量增加，从而净化空气，是一种不可多得的优良室内观花植物。虽然金边瑞香喜欢半阴环境，但冬、春季应将其放在有阳光照射的环境中，夏季则应将其放在通风良好的阴凉处，炎热时要注意喷水降温。

叶片先端钝尖，基部楔形

特征识别

常绿直立灌木。枝粗壮，通常二歧分枝。叶互生，长圆形或倒卵状椭圆形。花外面淡紫红色，内面肉红色，数朵花组成顶生头状花序；苞片披针形或卵状披针形；花萼筒管状，心状卵形或卵状披针形。

生活习性

温度： 喜温暖环境，以20～25℃为宜。

光照： 全日照或半日照。

水分： 见干见湿，土壤干则浇水。

土壤： 喜疏松肥沃、排水性良好的酸性土壤，忌用碱性土壤。

应用

金边瑞香春节开花，花香浓郁、花期长，摆放于室内，可增添节日的热闹气氛；亦适合种于林间空地、林缘道旁、山坡台地及假山阴面作点缀。

养护要点

金边瑞香是瑞香的花叶变种，要防止其金边的叶片返

花萼筒管状，无毛，4裂

绿，少施或不施氮肥并给予充足的光照是关键。此外，一旦发现有变回绿色的返祖枝条出现，就要立刻将其剪除，以防返祖的绿色枝叶形成优势。

药用价值

金边瑞香含瑞香苷，它的根、茎、叶、花均可入药，味甘，无毒，有清热解毒、消炎止痛、活血祛瘀、散结之功效，已被列入《中药大辞典》。

别名：瑞香、风流树 | 科属：瑞香科，瑞香属 | 花期：2～3月

紫罗兰 *Matthiola incana* (L.) R.Br.

紫罗兰原产地为地中海，十字花科，欧洲十大名花之一。花色冷艳，淡雅的紫色小花十分迷人。在南方庭院种植可以过冬，可以养成桩景。

特征识别

二年生或多年生草本。茎直立，多分枝。叶片长圆形至倒披针形或匙形，全缘或呈微波状。总状花序顶生和腋生，花多数，较大；萼片直立，长椭圆形，内轮萼片基部呈囊状；花瓣紫红色、淡红色或白色，近卵形。

生活习性

温度：喜冷凉环境，以 18 ~ 24 ℃为宜。

光照：喜半阴的环境。

水分：保持土壤湿润。

土壤：在排水性良好、中性偏碱的土壤中生长较好，忌酸性土壤。

繁殖方式

紫罗兰的繁殖以播种为主。一般于 8 月中旬至 10 月上旬播种，时间不能太晚，否则将影响植株的生长、越冬，也会影响开花的数量及质量。

养护要点

施肥的原则是“薄肥勤施”，施肥和浇水可配合交替进行，开花后如果能及时剪去花枝、施追肥、加强管理，可再次开花。适当将较长枝条剪短，剪口要离最近 1 棵叶芽 3 厘米左右，否则会影响叶芽的萌发。

应用

紫罗兰花朵繁密、花色鲜艳、香气浓郁、花期长，适宜作盆栽观赏，常用于布置花坛、花境。在春、冬两季，整株花朵可作为切花。

药用价值

紫罗兰具有清热解毒、美白祛斑、滋润皮肤等功效。紫罗兰对呼吸道的帮助很大，对支气管炎也有一定的调理之效，还可以润喉、消除因蛀牙引起的口腔异味等。

别名：草桂花、四桃克 | **科属：**十字花科，紫罗兰属 | **花期：**4 ~ 5 月

鸢尾 *Iris tectorum* Maxim.

鸢尾花主要色彩为蓝紫色，有“蓝色妖姬”的美誉，鸢尾花因花瓣形如鸢鸟尾巴而得名，鸢尾的属名“*Iris*”是希腊语“彩虹”的意思，因此鸢尾花有个音译过来的俗称，就叫“爱丽丝”。鸢尾属植物约有 300 种，根据地下茎的不同，分为宿根鸢尾和球根鸢尾，地下部分为根状或根茎状的鸢尾叫“宿根鸢尾”，而地下部分为球茎状的叫“球根鸢尾”。该植物广泛分布于北半球的温带地区。

特征识别

多年生草本。根状茎粗壮。叶基生，黄绿色，宽剑形。苞片 2～3 片，绿色，草质，边缘膜质，披针形或长卵圆形，顶端渐尖或长渐尖，内包含 1～2 朵花；花蓝紫色，上端膨大成喇叭形。

生活习性

温度：喜冷凉环境，以 15～18 ℃为宜。

光照：喜阳光充足的环境。

水分：保持土壤湿润。

土壤：喜疏松、排水性良好、肥沃适度的土壤。

应用

鸢尾花大而美丽，宛如翩翩彩蝶，叶片特别，观赏价值很高。很多种类供庭院观赏用，在园林中可用作布置花坛、花境、山坡和林缘的地被植物，或者布置成鸢尾专类花园，亦可作切花，也是一种重要的庭院绿化植物。鸢尾花香气淡雅，既可供观赏，又可用于调制香水；茎还可作中药，全年可采，具有消炎的作用。

植株对比

鸢尾与射干相似，但鸢尾的叶基生，叶片像是从根部生长出来的，互相包着，黄绿色，稍弯曲；射干的叶互生，沿着株茎一直向上，叶为剑形。鸢尾是顶生花序，基本无叉枝，顶端多为一朵花；射干是叉状分枝，每个分枝的顶端聚生有数朵花。

小贴士

鸢尾的花香会引起咽喉不适，因此宜摆放在客厅、通风良好的窗台，不宜摆放在卧室。

别名：乌鸢、扁竹花、蓝蝴蝶、爱丽丝、蓝色妖姬 | 科属：鸢尾科，鸢尾属 | 花期：4～6月

鉴别

德国鸢尾

多年生草本。根状茎粗壮而肥厚，常分枝，扁圆形，斜伸，具环纹，黄褐色；须根肉质，黄白色。叶直立或略弯曲，淡绿色、灰绿色或深绿色，常具白粉，剑形。花茎光滑，黄绿色；苞片 3 片；花大，鲜艳；花色因栽培品种而异，多为淡紫色、蓝紫色、深紫色或白色，有香味；花被管喇叭形，长约 2 厘米，外花被裂片椭圆形或倒卵形，顶端下垂，爪部狭楔形；内花被裂片倒卵形或圆形，长、宽各约 5 厘米，直立，顶端向内拱曲，中脉宽，并向外隆起，爪部狭楔形。蒴果三棱状圆柱形，顶端钝，无喙，成熟时自顶端向下开裂为 3 瓣；种子梨形，黄棕色，表面有皱纹，顶端生有黄白色的附属物。

银苞鸢尾

多年生宿根草本。具粗壮根状茎。叶宽剑形，绿色，被白粉。花梗有 2~3 个分枝，着花 3~7 朵，高出叶面；花大，具银白色膜质苞片；花淡紫色，垂瓣中部具黄色须毛，基部具褐色网纹，旗瓣色淡，基部略缢缩，具褐斑，芳香。花期为 5~6 月。有白花品种。

西伯利亚鸢尾

多年生草本。植株基部围有鞘状叶及老叶残留的纤维。根状茎粗壮，斜伸；须根黄白色，绳索状，有皱缩的横纹。叶灰绿色，条形，顶端渐尖。花茎高于叶片，平滑；苞片 3 片，膜质，绿色，边缘略带红紫色，狭卵形或披针形，顶端短渐尖，内包含 2 朵花；花蓝紫色；外花被裂片倒卵形，上部反折下垂；内花被裂片狭椭圆形或倒披针形，直立。蒴果卵状圆柱形、长圆柱形或椭圆状柱形，无喙。花期为 4~5 月，果期为 6~7 月。

日本鸢尾

多年生草本。日本鸢尾的原产地是中国、日本和韩国，性耐阴、耐旱，适合庭园荫蔽地美化、盆栽或作切花。叶基生，暗绿色，有光泽，近地面处带红紫色，剑形，有 2~4 朵花；叶多自根生，剑形，扁平，上面深绿色，背面淡绿色。花淡蓝色或蓝紫色，花盛开时向外展开。花期为 3~4 月，果期为 5~6 月。

美人蕉 *Canna indica* L.

美人蕉是亚热带和热带常见的观花植物，原产于热带美洲、印度、马来半岛等地。它生长于海拔 800 米的地区，目前已由人工引种栽培。中国各地均可栽培，但美人蕉不耐寒，霜冻后花朵及叶片凋零。唐代以前，由于它的花多为红色且叶似芭蕉，人们把它叫作“红蕉”。直到晚唐时期，唐代诗人、文学家、思想家罗隐的诗“芭蕉叶叶扬瑶空，丹萼高攀映日红。一似美人春睡起，绛唇翠袖舞东风”广为流传，使“美人蕉”这个名字传播开来，并渐渐取代了“红蕉”。

特征识别

多年生草本。全株绿色，无毛；地上茎丛生。单叶互生，有鞘状的叶柄，叶片卵状长圆形。总状花序，花单生或对生；萼片 3 片，绿白色，先端带红色；花冠大多红色，还有乳白色、明黄色、橙黄色、橘红色、粉红色、紫红色及复色斑点等 50 多个品种；唇瓣披针形，弯曲。蒴果长卵形，绿色。

生活习性

温度：适宜生长温度为 15～30 ℃。

光照：生长期要求光照充足，保证每天要接受至少 5 小时的阳光直射。如果在开花时将其放置在凉爽的地方，可以延长花期。

水分：生长期每天向叶面喷水 1～2 次。

土壤：在疏松肥沃、排水性良好的沙壤土中生长最佳，也适应于肥沃的黏质土中生长。

应用

美人蕉适宜用于城市公园、绿地、行道旁、庭院及旅游景区的绿化，既可地栽装饰花坛，又可盆栽，还可满足特殊环境需要。

美人蕉的茎叶纤维可以作为制造人造棉、麻袋、绳子的原材料，可以用来织麻袋、搓绳；美人蕉的叶片可以提取出芳香油，剩下的残渣还可以用来作为造纸的原材料。

小贴士

当茎端花落后，应随时将其茎枝从基部剪去，以便萌发新芽，长出花枝，陆续开花。

别名：红艳蕉、小芭蕉、红蕉 | 科属：美人蕉科，美人蕉属 | 花期：3 ~ 5 月

栽培方式

播种之前，先将种子坚硬的种皮用利器割口，最好是在 4~5 月进行。之后将种子放置在 25 ℃的温水中浸泡 24 小时，再点播于沙土中，然后覆土，最好不要太厚，以种子直径的 1~2 倍为佳。播种后，保持土壤湿润，把周围环境温度控制在 10~15 ℃，2~3 周可以出芽，长出 2~3 片叶子时移栽 1 次，当年或次年就可以开花。

鉴别

红花美人蕉

花红色，花型小，单生，苞片卵状，花冠裂片披针形；花美丽，色彩鲜艳；喜温暖环境和充足的阳光，不耐寒；原产于美洲、印度、马来半岛等热带地区。

黄花美人蕉

多年生草本。植株丛生，全株绿色，无毛，株高为 80～120 厘米；根茎肉质，粗壮，地上茎直立且不分枝。单叶互生，宽大，叶柄鞘状。总状花序略高出叶片之上，花黄色，花单生或对生。

斑纹美人蕉

花大，花冠为鲜黄色或深红色，上有斑纹。性喜温暖、湿润的气候，喜阳光充足、深厚的土层和肥沃土质，耐瘠薄土壤，怕严寒。

兰花美人蕉

多年生草本。茎绿色。叶片椭圆形至椭圆状披针形。总状花序，通常不分枝；花大；花萼长圆形；花冠裂片披针形；外轮退化雄蕊 3 枚，倒卵状披针形，鲜黄色至深红色，有红色条纹或斑点。

六倍利 *Lobelia erinus* Thunb.

六倍利原产于南非，目前，中国已经广泛栽培，主要分布于在江苏、安徽、浙江、江西、福建、台湾、湖北、湖南、广东、广西、四川、贵州等地区。六倍利可作为一种较好的阳台装饰花卉，还有一定的药用价值，对于痈肿疔疮、跌打损伤等均有一定的疗效。六倍利花量大，花型小巧可爱，为优良的观花植物。它对生长条件要求较高，尤其要满足长日照和低温的条件，才能保证长势良好。

分枝非常纤细

叶片边缘具圆齿，亮绿色

特征识别

多年生草本。半蔓性，呈匍匐状，株高 15~30 厘米。叶对生，下部叶匙形，有圆齿，先端钝，上部叶倒披针形，近顶部叶宽线形而尖。总状花序顶生，小花有长柄；花冠先端 5 裂，下 3 裂片较大，形似蝴蝶展翅；花色有红色、桃红色、紫色、白色等。

生活习性

温度： 生长适温为 15~25 ℃。

光照： 喜光照充足的环境。

水分： 保持土壤湿润。

土壤： 喜富含腐殖质、疏松肥沃、排水性良好的土壤。

小花浅蓝色或蓝紫色，喉部白色或黄色

应用

六倍利可盆栽观赏，也可作垂直绿化，种植于公园、庭园的花架，同时可应用于花坛、花境。

养护要点

冬季施腐熟肥或堆肥即可，花期来临之前，要多补充磷肥。在生长期需打顶，一般第一次打顶要等小苗枝条长到 10 厘米以上时进行，等侧枝长出后，还需要多次打顶，这样才能使株型丰满。

繁殖方式

可用播种繁殖，播种选择秋播，每个育苗格放 1 颗种子，然后避免太阳直射，保湿，浇水方式必须用浸盆法。也可以扦插，在温度 10 ℃以上时，取长度约 5 厘米的嫩枝条插于种植土里保湿，大约半个月后能生根，生根后进行移植。要注意，六倍利的种子细小，所以播种时可混入一些细沙再行播种，或者先育苗至有 6~8 片真叶时再移入盆中或花坛栽培；并使用细孔喷壶浇水，力道千万不可过猛，以防种子被冲走。

别名：翠蝶花、山梗菜 | 科属：桔梗科，半边莲属 | 花期：4 ~ 6 月

金盏花 *Calendula officinalis* L.

金盏花原产于欧洲南部及地中海沿岸。古埃及人认为金盏花能延缓衰老，印度人则尊奉它为神圣的花。中世纪时，人们已将金盏花用于疗伤，更借以对抗瘟疫和黑死病。金盏花富含多种维生素，尤其是维生素 A 和维生素 C，可预防色素沉淀，增加皮肤光泽与弹性，减缓衰老，避免肌肤松弛生皱。在法国诺曼底地区，以金盏花为牛添染金黄色泽。

特征识别

一年生草本。通常自茎基部分枝；单叶互生，呈椭圆形或椭圆状倒卵形，全缘。头状花序单生于茎枝端，总苞片 1~2 层，小花黄色或橙黄色；管状花檐部有三角状披针形裂片，淡黄色或淡褐色。

生活习性

温度： 喜温暖微凉的环境，以 7~20 ℃为宜。

光照： 喜阳光充足的环境。

水分： 保持土壤湿润。

土壤： 喜疏松、排水性良好、肥沃适度的土壤。

应用

金盏花可用于花园、花坛栽植和盆栽等。

小贴士

金盏花不耐强光，如果长期受到日光直射，会出现叶片明显变小、枝节距离缩小、底部的叶片逐渐变黄脱落等现象。

繁殖方式

金盏花有很强的自播能力，生长快。人工播种通常以秋播为主，选在 9 月中下旬以后进行。

植株对比

金盏花与百日菊可以通过叶子进行区分。金盏花的叶子为椭圆形或椭圆状倒卵形，上部的基生叶抱茎；百日菊的叶子较宽，为圆形或椭圆形，叶子表面较为粗糙。

别名：金盏菊、盏盏菊 | 科属：菊科，金盏花属 | 花期：4 ~ 9 月

侧金盏花 *Adonis amurensis* Regel et Radde

每当山里冰雪消融之时，侧金盏花就开始盛放。在海拔不高的地区，2月（农历一月）就可以开花。金灿灿的花象征着丰收，在新年伊始是个好彩头，于是侧金盏花就成了新年装饰的首选。侧金盏花的植株矮小，小巧玲珑，其金黄色的小花顶冰破雪绽放，故有“林海雪莲”之美称。

叶片有2~3回近羽状细裂，末回裂片呈狭卵形至披针形

茎少分枝，绿色或带紫堇色

植株矮小，小巧玲珑

特征识别

多年生草本。茎无毛或顶部有稀疏短柔毛。叶片正三角形，3全裂，全裂片有长柄，2～3回细裂，末回裂片狭卵形至披针形。萼片9片，常带淡灰紫色；花瓣10片，黄色，倒卵状长圆形或狭倒卵形。

生活习性

温度： 喜温暖的环境，以15～25℃为宜。

光照： 喜光照充足的环境。

水分： 保持土壤湿润。

土壤： 喜富含腐殖质的土壤。

应用

侧金盏花的生长特点是先开花后展叶，是中国北方优良的林缘、草地、疏林下散生栽植的好材料，也是北国花境、花坛镶边的宿根草花，更适宜点缀岩石园，也可作为小盆栽来观赏。

养护要点

在对侧金盏花的栽培养护过程中，要注意适当控制覆土深度。初栽时的覆土应高于根茎2～3厘米，根系互相重叠，每年生长季节应适当增添覆土，否则植株逐年高出土面，根系裸露在空气中，会引起发育不良，达不到观赏品质，继而死亡。花期过后的生长期应适当遮阴。

花单生于茎顶，直径约为3厘米

药用价值

侧金盏花全草都含有强心苷和非强心苷等多种成分，见于许多国家的药典之中。中医称之为“福寿草”。它具有强心、利尿、镇静及减慢心率的功能，能降低神经系统的兴奋性和脊髓反射功能亢进，用于急性病和慢性心功能不全，主治充血性心力衰竭、心脏性水肿和心房纤维性颤动；与溴化银合用，能加强对癫痫病的治疗效果。日本和加拿大客商每年秋季均从中国购买此花，用于药物提取。

萼片与花瓣等长或稍长

别名：顶冰花、金盏花、金盅花、林海雪莲 | 科属：毛茛科，侧金盏花属 | 花期：3～4月

球兰 *Hoya carnosa* (L.f.) R.Br.

球兰原产于中国华南、东南亚各国及大洋洲等地，主要分布于云南、广西、广东、福建等地。球兰为热带、亚热带野生品种，多附生于树干、石壁上。球兰是一种很可爱的藤蔓植物，花型奇特美丽，花香馥郁怡人，种植在室内，绿叶蜿蜒攀附在花架上，穿插着伞形的花朵，看起来非常青翠且雅致。球兰有一个特别之处，就是开花后的花梗不可摘取，因为它来年会在同一个地方开花。

白色花冠，直径约为 1 厘米

叶片厚肉质，具叶柄

副花冠淡红色，肉质，鳞片状

特征识别

攀缘灌木。茎节上生气根。叶对生，厚肉质，卵圆形至卵圆状长圆形，顶端钝，基部则为圆形。伞状聚伞形花序，腋生，着花约 30 朵；花以白色居多；花冠呈辐射状，花冠筒短，裂片外面无毛，内面多乳头状突起。

生活习性

温度： 不耐寒，生长适温为 15~28 ℃，在高温条件下生长良好，冬季应在冷凉和稍干燥的环境中休眠。

光照： 喜散光、半阴环境，耐荫蔽，忌烈日直射。

水分： 见干见湿，土壤干则浇水。

土壤： 喜肥效持久、排水性良好的腐殖土。

应用

球兰可用于阳台、窗台栽培，也适合植于庭院的小型花架上观赏；园林中常用于篱架、花架及树干的垂直绿化。

鉴别

心叶球兰

亚灌木。茎枝攀爬可达 2 米，黄灰色。叶片呈卵形至长卵形，干时薄革质，近轴无毛，远轴中脉饱满，基部近心形。腋生伞状花序，半球形，花开 30 ~ 50 朵；花冠白色，辐射状，饱满；裂片为钝三角形。

戴维德球兰

夹竹桃科球兰属。花朵精秀，有粉红色与白色间微黄色两种，白色较少见，是很好的种植品种。

别名：狗舌藤、铁脚板 | 科属：夹竹桃科，球兰属 | 花期：4 ~ 6 月

蝴蝶兰 *Phalaenopsis aphrodite* H.G.Reichenbach

花瓣菱状圆形，略带红色斑点或细条纹

花葶直立，较长，稍有分枝

叶片稍肉质，上面绿色，背面略紫色

蝴蝶兰原产于亚热带雨林地区，为附生性兰花。蝴蝶兰白色、粗大的气根露在叶片周围，除具有吸收空气中养分的作用外，还有生长和光合作用。蝴蝶兰植株从叶腋中抽出长长的花梗，并且开出形如蝴蝶飞舞般的花朵，深受大家的青睐，素有“洋兰王后”之称。蝴蝶兰是在 1750 年被发现的，迄今已发现 70 多个原生种，大多数产于潮湿的亚洲地区，自然分布于缅甸、印度洋各岛、马来半岛、南洋群岛、菲律宾等低纬度热带海岛。

特征识别

稍肉质叶片呈椭圆形、长圆形或镰刀状长圆形，3~4 片或更多，上面绿色，背面略微发紫；基部叶楔形或有时歪斜，有短而宽的鞘。侧生于茎基部的花序，不分枝或有时分枝，数朵花由基部向顶端逐朵开放；苞片为卵状三角形；花的中萼片先端钝，基部稍收狭，近椭圆形，侧萼片呈歪卵形；花瓣菱状圆形，3 裂，侧裂片呈直立的倒卵形，有红色斑点或细条纹，中裂片像菱形，先端渐狭并有卷须。

生活习性

温度：生长适温为 15~20 ℃，冬季 10 ℃以下就会停止生长，低于 5 ℃容易死亡。

光照：喜半阴的环境。

水分：见干见湿，土壤干则浇水。

土壤：喜富含腐殖质和排水性良好的沙壤土。

应用

蝴蝶兰可用于花坛栽植和盆栽，盆栽常摆放在书桌、案几、花架上，也可以装饰客厅和卧室，显得清丽雅致、富有韵味。

小贴士

蝴蝶兰可以在夜间释放氧气，增加空气中氧气的含量，放在室内，还可以清除异味，净化空气。叶片能吸收有毒气体，分解成自身生长所需的营养物质。

养护要点

使用蝴蝶兰专用堆肥土并把植株种在透明容器中，这样可以让根部接受光照。不要修剪或遮盖那些伸向空中的根须；花都开败之后，对花葶进行修剪，剪至低处的花蕾处。这样一来，几个月之后，植株会再次开花。

别名：台湾蝴蝶兰、洋兰王后 | 科属：兰科，蝴蝶兰属 | 花期：4 ~ 6 月

毛樱桃 *Prunus tomentosa* (Thunb.) Wall.

花瓣 5 片，雄蕊短于花瓣

托叶条形，有锯齿

毛樱桃生长于海拔 100~3200 米的山坡林中、林缘、灌丛中或草地，产于中国多地。该种果实可鲜食及酿酒；种仁含油率达 43% 左右，可用之制作肥皂及润滑油。种仁又可入药，品名大李仁，有润肠利水之效。观赏用毛樱桃的树型优美、花朵娇小、果实艳丽，是集观花、观果、观型为一体的园林观赏植物。

特征识别

灌木，通常高 0.3~1 米，稀呈小乔木状。小枝紫褐色或灰褐色，嫩枝密被茸毛到无毛；冬芽卵形，疏被短柔毛或无毛。叶片卵状椭圆形或倒卵状椭圆形，先端急尖或渐尖，基部楔形，边有急尖或粗锐锯齿，上面暗绿色或深绿色，被疏柔毛，下面灰绿色，密被灰色茸毛或以后变为稀疏；托叶线形，长 3~6 毫米，被长柔毛。花单生或 2 朵簇生，花叶同开，近先叶开放或先叶开放；萼筒管状或杯状，外被短柔毛或无毛，萼片三角状卵形，先端圆钝或急尖；花瓣白色或粉红色，倒卵形，先端圆钝。核果近球形，直径约为 1 厘米，红色。

小枝紫褐色或灰褐色，嫩时密被茸毛

生活习性

温度：喜温暖，以 16 ~ 25 ℃为宜。

光照：喜阳光充足的环境。

水分：开花前后及膨果期各浇水 1 次。

土壤：喜深厚、疏松、透气性好、保水力较强的沙壤土。

应用

春季白花满树，夏季红果累累。适合植于庭院、草坪、田埂、果园周边等处，或者植于常绿绿树背景前，观赏效果极佳。

核果近球形，直径约为 1 厘米，红色

养护要点

毛樱桃每年施肥 2 次，以酸性肥料为好。一次是冬肥，在冬季或早春施用豆饼、鸡粪和腐熟肥料等有机肥；另一次在落花后，施用硫酸铵、硫酸亚铁、过磷酸钙等速效肥料。

植物变种

①绿萼毛樱桃。枝条较毛樱桃细密，姿态优美。花朵直径为 1.5 厘米，比毛樱桃略小，但花朵较密。萼片绿色，花瓣洁白如雪，3 月下旬至 4 月上旬开放，满树琼花。花朵开放较缓慢，花期比毛樱桃长。②垂枝毛樱桃。枝条拱形下垂，树冠呈伞状。叶较大，长 6.5~7.4 厘米，宽 3.4~4.3 厘米；托叶 3 全裂，条状披针形。花朵密集，粉白色，花柱短于雄蕊。果实较大，直径约为 1.2 厘米。4 月上旬开花，花期为半个月，6 月上中旬果实成熟。

别名：山樱桃、梅桃、山豆子 | 科属：蔷薇科，李属 | 花期：4 ~ 5 月

香雪球 *Lobularia maritima* (L.) Desvaux

香雪球是一种非常漂亮的花，分布于地中海沿岸。中国河北、山西、江苏、浙江、陕西、新疆等地区的公园及花圃中均有栽培。相比其他花来说，香雪球匍匐生长，幽香宜人，白色的小花布满整个球面，有着很高的欣赏价值。香雪球的花语是“优雅”，是 1 月 12 日出生者的生日之花，因此也可以当作礼物馈赠朋友。

花瓣淡紫色或白色，长圆形，顶端钝

特征识别

多年生草本。全珠被毛，毛带银灰色；茎自基部向上分枝，常呈密丛。叶互生，条形或披针形。伞房总状花序，花梗丝状；花小、密生，呈球状；花瓣淡紫色或白色，长圆形，顶端钝圆，基部突然变窄成爪。

生活习性

温度： 喜冷凉环境，以 15～25 ℃为宜。

光照： 喜阳光充足的环境。

水分： 保持土壤湿润。

土壤： 喜疏松、排水性良好、肥沃适度的土壤。

应用

香雪球的花繁密、美丽，适合在花坛、路边、花境等处栽培，盆栽可放于阳台、窗台、客厅、卧室等处。

繁殖方式

香雪球一般用种子繁殖。

北方地区多为春播，一般是 3 月在温室播种育苗。香雪球种子较一般花卉种子发芽快，出苗整齐，发芽适温为 20 ℃，约 5 天出苗，长至有 3~4 片真叶时可定植或上盆。南方地区多为秋播，遇到寒潮低温时可以用塑料薄膜把花盆包起来，以利于保温保湿；幼苗出土后，要及时把薄膜揭开，到次年 3 月可上盆或定植。

别名：小白花、玉蝶球 | 科属：十字花科，香雪球属 | 花期：3 ~ 6 月

金鱼草 *Antirrhinum majus* L.

金鱼草原产于地中海沿岸，因其花状似金鱼而得名。枝株生长紧凑，花开整齐，花色多样且鲜艳，为中国常见的庭园花卉。金鱼草也是一味中药，具有清热解毒、凉血消肿的功效；也可以榨油食用，营养健康。

特征识别

茎基部无毛，有时木质化，中上部被有腺毛，有时有分枝。叶在上部常互生，下部对生，有短柄；叶片为无毛的披针形至矩圆状披针形，全缘。总状花序顶生，密被腺毛；花萼与花梗近等长，5深裂，裂片为卵形，钝或急尖；花冠颜色多样，有红色、紫色和白色等，基部在前面下延成兜状；上唇直立而宽大，2半裂，下唇3浅裂，在中部向上唇隆起，封闭喉部，使花冠呈假面状。

生活习性

温度：生长适温为20 ℃左右，冬季要保持在10 ℃以上。

光照：喜光，应长期保持光照充足。

水分：夏季炎热时可以每天浇水，冬季只需保持土壤稍微湿润即可。

土壤：喜土质松散、有肥力、排水通畅的微酸性沙壤土。

应用

金鱼草花色丰富，为优良的观花植物，可片植、丛植于公园、庭园等绿地，也可应用于花坛、花境，还可作盆栽观赏。

小贴士

金鱼草能够对氯气进行监测。若金鱼草受到氯气的侵害，其叶脉间被损伤的组织便会使叶面出现斑点或斑块，但是同正常叶组织的绿色叶面并没有清晰的分界线。

植株对比

金鱼草与随意草相似。金鱼草的花长得非常紧凑、浓密；随意草的花比较分散。金鱼草的叶片边缘光滑；随意草的叶片尖端有尖锐的锯齿。金鱼草的茎表面有微小腺毛，基部木质化；随意草茎的形状有些接近四棱形。

别名：龙头花、狮子花、洋彩雀 | 科属：车前科，金鱼草属 | 花期：4 ~ 10 月

槐 *Styphnolobium japonicum* (L.) Schott

树冠伞形

槐原产于中国，又名中华槐、国槐，树形高大，其羽状复叶和刺槐相似。花为淡黄色，可烹调食用，也可作中药或染料。未开的槐花俗称“槐米”，是一种中药。和其他树种的花期不同，槐是一种重要的蜜源植物。槐在不少国家都有引种，尤其是在亚洲。原来在中国北部较为集中，北自辽宁、河北，南至广东、台湾，东自山东，西至甘肃、四川、云南；在华北平原及黄土高原海拔 1000 米的地带均能生长。

叶多而密，叶轴有毛，基部膨大

树皮灰褐色，具纵裂纹

花萼呈浅钟状，有灰白色短柔毛

特征识别

乔木，高可达 25 米。树皮有纵裂纹。托叶形状多变，有时呈卵形，叶状；小叶 4 ~ 7 对，对生或近互生，纸质，卵状披针形或卵状长圆形。圆锥形花序顶生；花萼浅钟状，萼齿 5 枚；花冠白色或淡黄色。

生活习性

温度： 生长适温为 15~25 ℃。

光照： 喜光照充足的环境。

水分： 保持土壤湿润。

土壤： 喜肥沃的土壤。

应用

槐的木材可供建筑用；种仁含淀粉，可供酿酒或作糊料、饲料。

龙爪槐的树冠呈伞形，宜对植于门前，或列植于园路两侧，或孤植于亭台、山石旁，或散点配植于草地一角。

金枝槐枝条呈亮黄色，在冬季园林中格外醒目，可作为观赏枝干类花木配植于花境、路旁、水边等各类绿地中。

植物文化

唐代开始，科举考试关乎读书士子的功名利禄、荣华富贵，能借此阶梯而上，博得三公之位，是他们的最高理想。因此，常以槐指代科考，考试的年头称槐秋，举子赴考称踏槐，考试的月份称槐黄。槐象征着三公之位，举仕有望，且“槐”与“魁”相近，企盼子孙得魁星神君之佑而登科入仕。

此外，槐树还是古代迁民怀祖的寄托、吉祥和祥瑞的象征。

药用价值

槐的皮、枝叶、花蕾、花及种子均可入药，花和荚果有清凉收敛、止血、降压的作用；叶和根皮有清热解毒的作用，可治疗疮毒。

别名：国槐、中华槐、槐树、豆槐 | 科属：豆科，槐属 | 花期：4 ~ 5 月

鉴别

五叶槐

乔木，高可达 25 米。树皮灰褐色，具纵裂纹。当年生枝绿色，无毛。羽状复叶长可达 25 厘米；叶轴初被疏柔毛，旋即脱净；复叶只有小叶 1~2 对，集生于叶轴先端，为掌状，或仅为规则的掌状分裂，下面常疏被长柔毛。圆锥形花序顶生，常呈金字塔形，长可达 30 厘米。荚果串珠状，长 2.5~5 厘米或稍长，直径约 10 毫米，具种子 1~6 颗；种子卵球形，淡黄绿色，干后呈黑褐色。

分布于中国北京。

龙爪槐

国槐的芽变品种，树冠如伞，高度一般为 1~4 米。树皮呈灰褐色，具纵裂纹。大枝弯曲扭转，小枝下垂，当年生枝绿色、羽状复叶，小叶对生或近互生，卵状披针形或卵状长圆形，深绿色。圆锥形花序顶生，多为金字塔形，花冠白色或淡黄色，花芳香。荚果串珠状，种子卵球形，淡黄绿色，干后呈黑褐色。花期为 7~8 月，果期为 8~10 月。

分布于中国华北、西北地区，常见于辽宁抚顺、铁岭、沈阳及其以南地区。

堇花槐

豆科，树皮呈暗灰色，有块状裂纹；小枝绿色；蝶形花冠，其瓣近圆形。

分布于中国南北各地区，以及华北和黄土高原地区。日本、越南也有分布，朝鲜或有野生，欧洲、美洲各国均有引种。

平安槐

豆科、槐属，落叶乔木。平安槐的枝条不是下垂，而是向四周生长，也没有直立生长的枝条，给人以四平八稳的感觉，故取名平安槐。

分布于中国大部分地区。

柏树 *Cupressus funebris* Endl.

柏树四季常青，树形美，树冠浓密秀丽，材质细密，适应性强，能在微碱性或石灰岩山地上生长，是宜林、荒山绿化、疏林改造的先锋树种。柏树终年常绿，象征吉祥长寿。如果将它放置在书房，会让人倍感愉悦，而且柏树的树身散发着淡淡的清香，能让人的头脑保持清醒，提高工作效率。中国古柏很多，树龄也长，所谓“千年松、万年柏”，说明树木中年岁大的以柏树为首。

分枝稠密，小枝细弱的众多

圆球形球果

特征识别

常绿乔木，高可达 35 米。树皮为淡褐灰色，小枝细长下垂，生鳞叶的小枝扁，排成一平面；两面同形，绿色，较老的小枝圆柱形，暗紫褐色。雄球花椭圆形或卵圆形，雌球花近球形。球果圆球形，种子宽倒卵状菱形或近圆形。

生活习性

温度： 喜冷凉环境，以 15 ~ 18 ℃为宜。

光照： 喜阳光充足的环境。

水分： 保持土壤湿润。

土壤： 喜疏松、排水性良好、肥沃适度的土壤。

应用

柏树可用于庙宇、殿堂、庭院栽植等。柏树的木质软硬适中、细致，有香气，耐腐力强，多用于建筑、家具的制作等；种子、根、叶和树皮可入药；种子可以榨油，供制作香皂、食用或药用。

别名：柏木 | 科属：柏科，柏木属 | 花期：3 ~ 5 月

小贴士

柏树发出的芳香气味具有清热解毒和杀虫的作用。据测定，其主要成分不仅能杀灭细菌、病毒，还能净化空气。对二氧化硫、氯气、氯化氢等有毒气体具有中等抗性，吸滞粉尘的能力较强。

微型盆景制作

制作微型盆景的柏树可用播种、扦插、压条、嫁接等繁殖的植株，亦可用遒劲多姿、小巧精致的柏树老桩。一般来说，柏树要在冬季至早春萌芽前后移栽，因为此时树液流动缓慢，可以避免树液流出过多而影响成活率。移栽前，先根据树桩的形态进行短截、疏剪，把不必要的枝条全部剪除，但要注意多留一些备用枝，为以后的造型留有充足的空间。

药用价值

根、树干：清热利湿，止血生肌。

叶：味苦、辛，性温。生肌止血，用于外伤出血、吐血、痢疾、痔疮、烫伤。

果实：味苦、涩，性平。祛风解表、和中止血，用于感冒、头痛、发热烦躁、吐血。

树脂：祛风热、燥湿、镇痛，用于风热头痛、带下病。

鉴别

侧柏

柏科侧柏属常绿乔木。树冠广卵形，小枝扁平，排列成一个平面。叶小，鳞片状，紧贴小枝上，呈交叉对生排列，叶背中部具腺槽。雌雄同株，花单性；雄球花黄色，由交互对生的小孢子叶组成，每个小孢子叶生有 3 个花粉囊，珠鳞和苞鳞完全愈合。球果当年成熟，种鳞木质化，开裂，种子不具翅或有棱脊。

圆柏

柏科刺柏属常绿乔木。有鳞形叶的小枝圆形或近方形；叶在幼树上全为刺形，随着树龄的增长，刺形叶逐渐被鳞形叶代替；刺形叶 3 叶轮生或交互对生，长 6~12 毫米，斜展或近开展，上面有 2 条白色气孔带；鳞形叶交互对生，排列紧密，先端钝或微尖，背面近中部有椭圆形腺体。花雌雄异株。球果近圆形，有白粉，熟时褐色，内有种子。

龙柏

柏科刺柏属乔木，高可达 21 米，胸径达 3.5 米；树皮深灰色，纵裂；幼树的枝条通常斜上伸展，形成尖塔形树冠，老则下部大枝平展，形成广圆形树冠，树皮灰褐色，纵裂，裂成不规则的薄片脱落；小枝通常直或稍成弧状弯曲，生鳞叶的小枝近圆柱形或近四棱形。常用于园林绿化，如街道绿化、小区绿化、公路绿化等。

黄杨 *Buxus sinica* (Rehder & E.H.Wilson) M.Cheng

黄杨树常常被种植在家里的庭院中，它枝繁叶茂，既能装饰庭院，还具有生财辟邪的寓意，是一种既具有观赏价值，还能给家里带来好运的招财树。

叶对生，全缘

枝圆柱形，有纵棱，灰白色

特征识别

常绿灌木或小乔木，高1~3米。茎枝圆柱形，全面覆盖短柔毛或外方相对两侧面无毛，节间长0.5~2.5厘米。宽椭圆形或宽倒卵形的革质叶子对生分布，钝头或顶上微有凹缺。春季开花，雌雄同株。

生活习性

温度： 喜温暖环境，以25~35℃为宜。

光照： 喜阳光充足的环境。

水分： 保持土壤湿润。

土壤： 喜疏松、排水性良好、肥沃适度的土壤。

应用

黄杨株型矮小而紧凑，枝叶茂密而常绿，园林中常作矮篱栽培、基础种植；也常修剪成球形，丛植于草坪、建筑四周、大型花坛边，或用于点缀山石。树姿优美，叶小如豆瓣，质厚而有光泽，是微型盆景的优良材料。

鉴别

大叶黄杨

常绿灌木或小乔木，高3~8米。小枝近四棱形。单叶对生；叶片厚革质，倒卵形，长圆形至长椭圆形，先端钝尖，边缘具细锯齿，基部楔形或近圆形，上面深绿色，下面淡绿色。聚伞花序腋生，一至二回二歧分枝，每个分枝有花5~12朵，花白绿色；花盘肥大。

小叶黄杨

灌木，生长低矮。枝条密集，大枝圆柱形，小枝四棱形。叶薄革质，阔椭圆形或阔卵形，叶片无光或光亮，侧脉明显凸出。头状花序腋生，密集，花序被毛，苞片阔卵形；雄花无花梗，外萼片卵状椭圆形，内萼片近圆形，无毛；雌花子房较花柱稍长，无毛。蒴果近球形，无毛。

别名：山黄杨、千年矮 | 科属：黄杨科，黄杨属 | 花期：3月

白蜡树 *Fraxinus chinensis* Roxb.

白蜡树多为栽培，中国栽培历史悠久，分布甚广。白蜡树对环境的适应能力强，一般都生长在海拔 800~1600 米的山地杂林中。白蜡树的形体端正、树干通直，因此被赋予了浓厚的文化色彩，也有美好的寓意，象征着积极向上的力量。

特征识别

落叶乔木。树皮为灰褐色，纵裂；芽阔卵形或圆锥形，被棕色柔毛或腺毛；小枝呈黄褐色。顶生小叶和侧生小叶等大或稍大，先端锐尖至渐尖，基部钝圆或楔形，边缘有整齐锯齿。圆锥形花序顶生或腋生于枝梢；花序梗长 2～4 厘米，无毛或被细柔毛，光滑，无皮孔；花雄雌异株；雄花密集，花萼小，钟状，无花冠，花药与花丝近等长；雌花疏离，花萼大，筒状。

生活习性

温度： 喜温暖环境，以 18～25 ℃为宜。

光照： 喜阳光充足的环境。

水分： 保持土壤湿润。

土壤： 喜疏松、背风向阳、排灌方便、稍有坡度的沙壤土。

应用

白蜡树枝叶繁茂、根系发达，植株萌发力强，速生耐湿，耐瘠薄干旱，在轻度盐碱地也能生长，是防风固沙和护堤护路的优良树种。其树干通直，树形美观，可抗烟尘、二氧化硫和氯气，是工厂、城镇绿化的好树种。木材坚韧，可用来制作家具、农具、车辆、胶合板等。其枝条可编筐。

药用价值

白蜡树以根、叶入药，全年可采，晒干后用。主要功效是祛风除湿、行气活血，用于风湿关节痛、痢疾、胃痛、疝气痛、腹胀、牙痛、跌打损伤、疮疡肿毒等症。

圆锥形花序顶生或腋生于枝梢

别名：白蜡杆、川梣 | 科属：木樨科，梣属 | 花期：4 ~ 5 月

垂柳 *Salix babylonica* L.

垂柳枝条细长，生长迅速，自古以来深受中国人们喜爱。《诗经 · 小雅 · 采薇》中有这样一句话：“昔我往矣，是杨柳依依。今我来思，雨雪霏霏。”这句话就像描绘了一幅画，借杨柳的姿态，把一个出门在外的旅人的心情表达得淋漓尽致。民间有许多习俗因柳而生，如唐朝以来每逢清明时节，家家户户将柳插在井边，成语“井井有条”就是来源于此。

树冠倒广卵形，开展而疏散

枝很细，多下垂，无毛

特征识别

落叶乔木。高可达 18 米，树冠开展而疏散；树皮灰黑色，有不规则开裂；枝细，下垂，淡褐黄色、淡褐色或带紫色，无毛；芽线形，先端急尖。叶狭披针形或线状披针形，长 9～16 厘米，边缘有锯齿。花序先叶开放，或与叶同时开放；子房椭圆形，花柱短；苞片披针形，外面有毛。蒴果呈绿黄褐色。

生活习性

温度：喜温暖环境，以 15～25 ℃为宜。

光照：喜阳光充足的环境。

水分：保持土壤湿润。

土壤：喜疏松、排水性良好、肥沃适度的土壤。

应用

垂柳适合配植在水边，如桥头、池畔、河流、湖泊等水系沿岸处。与桃花间植，可形成桃红柳绿之景，是江南园林春景的特色配植方式之一；也可作庭荫树、行道树、公路树；亦适用于工厂绿化，还是固堤护岸的重要树种。木材可制作家具；枝条可编筐；树皮含鞣质，可提制栲胶；叶可作羊饲料。

繁殖方式

有性繁殖和无性繁殖均可。生产上主要采用无性扦插繁殖。苗床准备，选用水田或陆地，犁后平整作畦，春季萌芽前选择健壮的一年生、二年生枝条，插后灌水或浇足水即可，2 个月后可以分栽。

别名：柳树、清明柳 | 科属：杨柳科，柳属 | 花期：3 ～ 4 月

第 二 章

夏季常见观赏植物

夏天从 5 月中旬开始，到 8 月中旬结束，是一个温暖而又生机勃发的季节。夏季高温、多雨，既带来了酷暑，又迎来了甘霖。许多植物在夏天迎来了生长期。

在夏天，处处绿意盎然，植物世界也异常热闹。

观花植物

黄花菜 *Hemerocallis citrina* Baroni

花稍下垂，在花蕾期顶端偶有紫黑色出现，花瓣6片，稍外卷

花葶长短不一，花梗较短

黄花菜颜色金黄，形状细长，所以又叫“金针花”。黄花菜在中国已有2000多年的栽培史，自古以来就是一种美食，不仅有很高的食用价值和营养价值，还有独特的文化价值。

特征识别

多年生草本。根近肉质，中下部常有纺锤状膨大。叶基生，狭长带状，下端重叠，向上渐平展。花葶长短不一，从茎顶分枝开花，花多朵，大型，橙黄色，漏斗形；花呈淡黄色、橘红色、黑紫色。

生活习性

温度：黄花菜耐瘠、耐旱，均温5 ℃以上时幼苗开始出土，叶片生长适温为15～20 ℃；开花期要求较高温度，20～25 ℃较为适宜。黄花菜地上部分不耐寒，地下部分耐 −10 ℃低温。

光照：全日照或半日照。

水分：忌土壤过湿或积水。

土壤：黄花菜为肉质根系，需要肥沃、疏松的土壤环境。

应用

黄花菜可用于庭院、花境栽植或作切花等。黄花菜的花可加工成干菜，营养丰富。黄花菜根可以酿酒；叶可以造纸和编织草垫。同时，黄花菜入药，可以养血平肝、利尿消肿。

花茎自叶腋抽出，从茎顶分枝开花

小贴士

鲜黄花菜含有秋水仙碱，

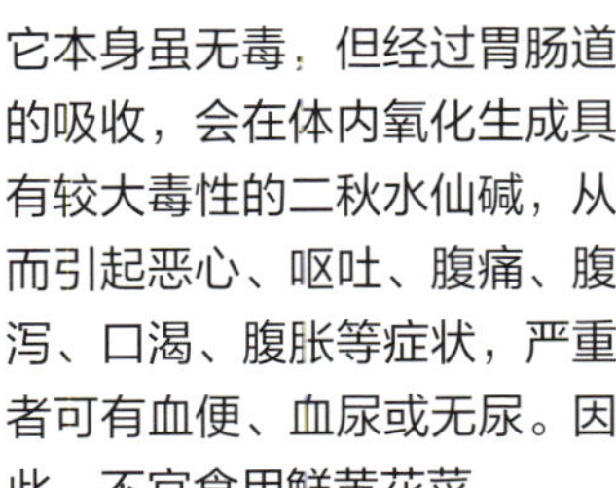

它本身虽无毒，但经过胃肠道的吸收，会在体内氧化生成具有较大毒性的二秋水仙碱，从而引起恶心、呕吐、腹痛、腹泻、口渴、腹胀等症状，严重者可有血便、血尿或无尿。因此，不宜食用鲜黄花菜。

叶狭长带状，革质

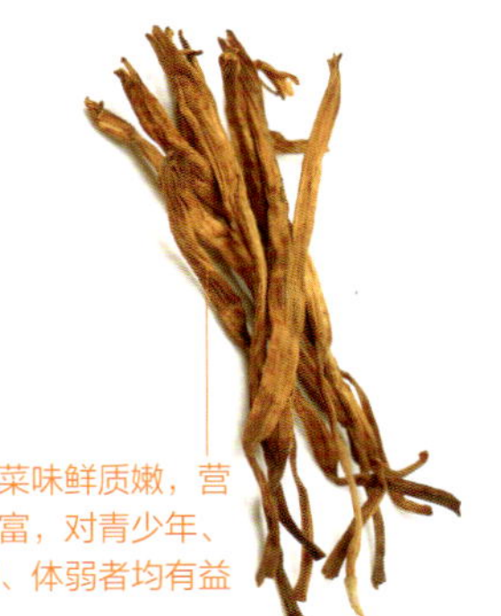

黄花菜味鲜质嫩，营养丰富，对青少年、孕妇、体弱者均有益

别名：金针花、柠檬萱草 | 科属：阿福花科，萱草属 | 花期：5～9月

铃兰 *Convallaria majalis* L.

花梗从抱茎的鞘中抽出，稍外弯

铃兰是一种名贵的香料植物，它的花可以提取高级芳香精油，全草可入药，花朵莹洁高贵、精雅绝伦、香韵浓郁，是很好的观赏植物。铃兰落花在风中飞舞的样子就像下雪一样，因此铃兰花田也被人们称为“银白色的天堂”。铃兰原产于北半球温带，欧洲、亚洲及北美洲和中国的东北、华北地区海拔850～2500米处均有野生分布。在法国，铃兰是纯洁、幸福的象征。每年5月1日，法国人有互赠铃兰祝愿一年幸福的习俗，获赠人通常将花挂在房间里保存全年，象征幸福永驻。铃兰在法国的婚礼上常常可以看到，将这种花送给新娘，有祝贺新人幸福到来的意思。

花钟形，前端开裂

叶基部互抱成鞘状，具弧形叶脉，有光泽

特征识别

多年生草本。植株矮小，全株无毛，地下有多分枝而匍匐平展的根状茎，基部有数枚鞘状的膜质鳞片。叶椭圆形或卵状披针形。花钟形，下垂，总状花序；花梗稍外弯；苞片披针形。

小贴士

铃兰和丁香不能放在一起，否则丁香花会迅速萎蔫，即使相距20厘米也不行，如把铃兰移开，丁香就会恢复原状；铃兰也不能与水仙放在一起，否则会两败俱伤。

生活习性

温度： 喜湿润环境，好凉爽，忌炎热干燥，耐严寒，以12～20℃为宜。

光照： 典型的阴性植物，喜阴湿环境，受强光照射，则叶片变黄，生长不良。

水分： 保持土壤湿润。

土壤： 喜富含腐殖质的沙壤土。

应用

铃兰可用于花坛、花境栽植或作盆栽、切花等。

病虫害防治

铃兰植株极其顽强，一般没有病虫害，不用药剂防治。

别名：君影草、风铃草 | 科属：天门冬科，铃兰属 | 花期：5～6月

百合 *Lilium brownii* var.*viridulum* Baker

百合原产于北半球的几乎每个大陆的温带地区。近年更有不少经过人工杂交而产生的新品种，如亚洲百合、麝香百合、香水百合、葵（火）百合、姬百合等。百合花素有“云裳仙子”之称。由于其外表高雅纯洁，天主教以白百合花为圣母玛利亚的象征，而梵蒂冈以百合花为国花。百合的鳞茎由鳞片抱合而成，取“百年好合”“百事合意”之意。中国自古视之为婚礼必不可少的吉祥花卉。

鳞茎白色，高 4 ~ 7 厘米，直径为 5 ~ 8 厘米，宽卵形

花喇叭状，乳白色，有香气

下部叶具短柄

圆柱形的直立茎，不分枝

特征识别

多年生草本。根分为肉质根和纤维状根 2 类；茎直立，圆柱形，常有紫色斑点；鳞茎球形，先端常开放如莲座状，由多数肉质肥厚、卵匙形的鳞片聚合而成。叶片互生，通常自下向上渐小，倒披针形至倒卵形。花朵大，多为乳白色，喇叭状，单生于茎顶；花色因品种不同而色彩多样，多为黄色、白色、粉红色、橙红色，有的具紫色或黑色斑点；花瓣有平展的，也有向外翻卷的，有香气。

生活习性

温度：百合开花最适宜生长的日间温度为 20~25 ℃，夜间温度为 10~15 ℃，耐寒，怕酷暑。在 10~15 ℃，花芽分化速度随温度升高加快。30 ℃以上，花芽分化受抑制；5 ℃以下则停止开花。

光照：百合属长日照花卉，生长期要求阳光充足，但更适合略有遮阴的环境，以自然光照 70%~80% 为宜。

水分：土壤干则浇水。

土壤：以疏松、透气、肥沃、腐殖质含量高的微酸性沙壤土为好，忌高盐分土壤。

别名：山丹、重迈、云裳仙子 | 科属：百合科，百合属 | 花期：4 ~ 7 月

鉴别

麝香百合

叶散生，披针形或矩圆状披针形，长 5~15 厘米，宽 1~1.8 厘米，顶端渐尖，全缘，两面无毛。花单生或 2~3 朵顶生，有淡绿色的长花筒，一般有 6 片花瓣，前部外翻呈喇叭状，乳白色，极香；花柱细长，形状优美，花丝和柱头伸至花瓣外面。

亚洲百合

叶片披针形，互生，窄卵圆形或椭圆形，深绿色。花色丰富，花型姿态分为 3 类：花朵向上开放，花朵向外开放，花朵下垂、花瓣外卷。

毛百合

多年生草本。鳞茎卵状球形，鳞片宽披针形，白色；叶散生，茎端有 4~5 片轮生。花 1~2 朵顶生，橙红色或红色，有紫红色斑点；外轮花被片倒披针形，外披白色绵毛，内轮花被片稍窄。

非洲百合

基生叶对生，簇生状，常绿叶有 13 片左右，条形。伞形花序，花色为少有的浅蓝色至深蓝色，小花钟形，花型秀丽。

东方百合

叶片宽短，有光泽，直立向上。花大，碗形或星状碗形，气味芳香，花色丰富。

应用

百合可用于庭院种植、盆栽和插花等；百合鲜花含芳香油，可作香料；百合鳞茎富含淀粉，是一种名贵食品，亦可作药用，有润肺止咳、清热、安神和利尿等功效。

百合还能净化家居空气，摆在家中可以长期吸附家里的异味，释放出干净的氧气和阵阵幽香。

病虫害防治

百合常见的病害有百合花叶病和斑点病。百合花叶病主要由蚜虫和叶蝉引起，所以可以提前用乐果乳防治。选种时要对鳞茎进行消毒。发现斑点病时，要及时摘除病叶，并用代森锌可湿性粉剂化水喷洒。

玉竹 *Polygonatum odoratum* (Mill.) Druce

叶全缘，中脉隆起，几乎无柄

花腋生，下垂

茎单一，斜向一边

玉竹主要分布于中国黑龙江、吉林、辽宁、河北、山西、内蒙古、甘肃、青海、山东、河南、湖北、湖南、安徽、江西、江苏等地区，生长于海拔500~3000米的林下或山野阴坡。欧亚大陆温带地区广布。玉竹有很高的观赏价值，同时具有很高的药用价值、养生价值和食用价值。玉竹的益处很多，对女性而言，是不可多得的好东西，常喝玉竹茶，能够帮助减去身上多余的脂肪。

特征识别

多年生草本。根茎横走，肉质，黄白色，密生多数须根。地上茎粗壮单一，直立或倾斜，高20~50厘米，具纵棱。叶互生，椭圆形至卵状矩圆形，叶面绿色，下面灰色。花腋生，通常1~3朵簇生；无苞片或有条状披针形苞片；花被黄绿色至白色。浆果，球形，成熟时呈蓝黑色。

生活习性

温度： 耐寒、耐阴湿，以15~25℃为宜。

光照： 以半日照为宜。

水分： 保持土壤湿润。

花被筒钟形，先端6裂

土壤： 喜土层深厚、富含腐殖质的沙壤土。

栽培方式

春、秋两季均可进行播种，种子先播在盆内，待出苗后再移至庭院。春、秋两季均可进行分株，分株时挖起根状茎，分割成数块，每块至少要有2个芽，栽植在花盆中。夏季应放在阴凉处，或栽种于庭院遮阴处，或在树下种植。

应用

玉竹的茎叶挺拔，花钟形，下垂，姿态美丽，清雅可爱。常栽种于园林、庭院中作观赏的地被植物，还可作盆栽，摆设在阳台和室内观赏。幼苗用开水烫后炒食或做汤；根状茎可炒食或与肉类炖食。

药用价值

玉竹的根茎可作药用，具有养阴润燥、生津止渴的功效，适用于肺胃阴伤、燥热咳嗽、咽干口渴、内热消渴等症。

根茎肉质，有养阴润燥、生津止渴的功效

别名：尾参、铃铛菜、葳蕤 | 科属：天门冬科，黄精属 | 花期：5~6月

卷丹 *Lilium lancifolium* Thunb.

子房圆柱形，柱头稍膨大

叶缘具乳头状突起

卷丹主要分布于中国江苏、浙江、安徽、江西、湖南、湖北、广西、四川、青海、西藏、甘肃、陕西、山西、河南、河北、山东和吉林等地区，生长于海拔 400~2500 米的山坡灌木林下、草地、路边或水旁。日本、朝鲜也有分布。因花瓣有像虎皮花纹的紫色斑纹，故又称“虎皮百合”。卷丹的植株非常高大，通常能生长到 50~150 厘米。夏季的 7~8 月正值卷丹的花期，花朵在此时开放，盛开的花朵非常美丽大方。卷丹的花期比较长，花朵带有迷人的香味，极富观赏价值。

特征识别

多年生草本。鳞茎近宽球形，鳞片宽卵形，白色。茎带紫色条纹，具白色绵毛。叶散生，矩圆状披针形或披针形，两面近无毛。苞片叶状，卵状披针形；花下垂，花被片披针形，花瓣平展或外翻卷，橙红色，有紫黑色斑点；花丝淡红色；花药矩圆形；子房圆柱形；花柱长，柱头稍膨大。蒴果狭长卵形。

生活习性

温度： 喜好凉爽、湿润的环境，以 15 ~ 28 ℃为宜。

光照： 喜光照充足的环境。

水分： 少量多次浇水。

土壤： 喜肥沃深厚、腐殖质多且排水性优良的土壤。

应用

卷丹适用于花境装饰、花廊摆设、花坛栽培，也是人们在选择居家盆栽时很喜欢的观赏性花卉之一，是作切花的好材料。

小贴士

为了使卷丹更好地生长，需要每年换 1 次盆，并换上新土，换盆时间可以是 10 月。此外，要在卷丹的生长期经常转动花盆，避免卷丹长偏。

别名：虎皮百合 | 科属：百合科，百合属 | 花期：7 ~ 8 月

火炬花 *Kniphofia uvaria* (L.) Oken

火炬花原产于南非海拔 1800~3000 米的高山及沿海岸浸润线的岩石泥炭层上，各地庭园广泛栽培。中国长江中下游地区露地能越冬。常见的栽培品种有黄色的报春美、红色的早杂、橙红色的菲特齐里和橙黄色的春日。同属种类有全珠莲，花茎较短，花成熟时呈黄色，先端红色。火炬花的花序状若瓶刷，从下至上依次开花，像一把燃烧的火炬，故英文名之意为“火焰百合”，花语是爱的苦恼。

特征识别

多年生草本。株高 80~120 厘米，茎直立。叶线形，基部丛生。总状花序着生数百朵筒状小花，花色有黄色、橙红色、红色等，挺拔的花茎高高擎起如火炬。

生活习性

温度：喜温暖，生长适温为 18~25 ℃。

光照：喜充足阳光，也耐半阴。

水分：生长期及时浇水，每次浇透，保持盆土湿润，冬季停止浇水。

土壤：对土壤要求不高，但以腐殖质丰富、排水性良好的轻黏质土最为适宜。

应用

火炬花多露地栽培，也可盆栽布置于客厅、草坪、建筑物前，具有极高的观赏价值。花枝还可供作切花。在庭院盆栽 2 盆火炬花，有“成双成对”的寓意。

繁殖方式

常用分株和播种的方法繁殖。播种一般在春季或秋季进行，种子无休眠期，可随采随播。播前先深翻整地、施肥、开沟条播、覆土、浇水、保湿。

别名：红火棒、火把莲 | 科属：阿福花科，火把莲属 | 花期：6 ~ 10 月

白刺花 *Sophora davidii* (Franch.) Skeels

白刺花长得十分可爱，分布于中国华北、陕西、甘肃、河南、江苏、浙江、湖北、湖南、广西、四川、贵州、云南、西藏等地区，生长在海拔 2500 米以下的河谷沙丘和山坡路边的灌木丛中。白刺花树不起眼，花也不起眼，就那么一丛丛带刺的小灌木，却缀满数不清的清雅朴素的小白花。

特征识别

灌木或小乔木。羽状复叶，托叶钻状；小叶一般为椭圆状卵形或倒卵状长圆形。总状花序着生在小枝顶端，花较小；花萼钟形，蓝紫色；花冠白色或淡黄色，有时旗瓣稍带红紫色。

生活习性

温度： 喜温暖的环境，以 15~25 ℃为宜。

光照： 喜阳光充足的环境。

水分： 保持土壤湿润。

土壤： 耐干旱、耐贫瘠、耐火烧、耐践踏，一般土壤均可种植。

应用

白刺花花色素雅、花香清淡，在园林中可作绿篱植物，也可孤植、丛植、片植于林地边缘、草坪等处。因其较耐盐碱，可作为干旱地区荒山阳坡造林和水土保持的先锋树种。白刺花也是重要的蜜源树木、薪炭林和药用植物。

小贴士

白刺花是传统的风味野菜。花蕾及花洗净后用沸水浸烫，再用清水浸泡，并多次换水除去苦味后即可食用。白刺花通常与豆豉或鸡蛋炒食，味清香、微苦。

药用价值

白刺花全株均可入药。根全年可采摘，叶、花及果实于夏、秋季采集后晒干备用。其具有清热燥湿、凉血解毒、利湿消肿等功效，主要用于治疗咽喉肿痛、热毒痈疡、尿血、流鼻血、便血等症。

别名：苦刺、马蹄针 | 科属：豆科，苦参属 | 花期：6 ~ 8 月

睡莲 *Nymphaea tetragona* Georgi

花朵浮于或挺出水面

叶全缘，上面光亮绿色

叶子通常有一缺口

叶柄圆柱形，细长

睡莲大部分原产于北非和东南亚热带地区，少数产于南非、欧洲和亚洲的温带和寒带地区，日本、朝鲜、印度、西伯利亚及欧洲、美国等地也有分布。在中国的分布，南至云南，北至东北，西至新疆。睡莲于每年3~4 月萌发长叶，5~8 月陆续开花，每朵花开2~5 天，10~11 月茎叶枯萎，翌年春季又重新萌发。睡莲圆圆的叶片浮在水面，花色秀丽，形态优雅，一花一叶都极富意境之美，是一种南北皆宜的观赏型水生花卉。睡莲的根状茎可食用或酿酒，还能入药，可辅助调理小儿慢惊风。此外，睡莲对重金属有很强的吸附性，有净化水质的作用。

特征识别

多年生水生草本。根状茎肥厚，直立或匍匐生长。浮水叶圆形或卵形、心形或箭形，常无挺水叶；沉水叶薄膜质；叶全缘，上面光亮，绿色，下面红色或紫色，两面皆无毛，具小点；叶柄细长，圆柱形，长达 60 厘米。花大形、美丽，浮于或高出水面；萼片近离生；花瓣白色、蓝色、黄色或粉红色，呈多轮状，白天开放，夜间闭合。聚合果球形；种子多数，椭圆形，黑色。

生活习性

温度：喜温暖、湿润气候。

光照：喜阳光充足、通风良好的环境，因此白天开花的热带及耐寒睡莲到了晚上，花朵会闭合，到早上又会张开。

水分：初期的水位要浅，逐步提高水位。

土壤：喜肥沃深厚、腐殖质多，且排水性优良的土壤。

应用

睡莲的花、叶皆美，是常见的观赏植物，适合作为水景主题材料，常植于沼泽、湖泊和公园的水池中。根状茎可食用或酿酒；全草可作绿肥。

别名：子午莲 | 科属：睡莲科，睡莲属 | 花期：5 ~ 8 月

鉴别

星花睡莲

又称印度蓝睡莲。用块茎繁殖，叶大，圆形或椭圆形，边缘具不规则齿裂，叶背粉红色或蓝堇色，叶脉绿色明显。花美丽，有微香，花瓣淡蓝色，星状放射，有时开白花，开花时离开水面；花瓣先端尖，中部蓝色，逐渐向基部变淡，雄蕊金黄；花萼上有黑色小斑点。

红睡莲

多年水生草本。根状茎匍匐生长。叶纸质，近圆形，裂片尖锐，近平行或开展，全缘或波状，叶缘有浅三角形齿牙。花大，玫瑰红色，芳香；萼片披针形；花瓣 20～25 片，卵状矩圆形。

齿叶睡莲

多年水生草本。根状茎肥厚，匍匐生长。叶纸质，卵状圆形，基部有深弯缺口，裂片圆钝，下面带红色，密生柔毛。花朵直径为 2～8 厘米；花瓣 12～14 片，白色、红色或粉红色，矩圆形，先端圆钝，有 5 条纵纹。

延药睡莲

多年水生草本。根状茎短，肥厚。叶纸质，圆形或椭圆状圆形。花微香；花梗略和叶柄等长；萼片条形或矩圆状披针形，有紫色条纹；花瓣 10～30 片，白色带青紫色、鲜蓝色或紫红色，条状矩圆形或披针形。

合欢 *Albizia julibrissin* Durazz.

合欢原产于美洲南部，主要分布于中国华东、华南、西南及辽宁、河北、河南、陕西等地区，朝鲜、日本、越南、泰国、缅甸、印度、伊朗及非洲东部也有分布。合欢花在中国是吉祥之花，自古以来，人们就有在宅第园池旁栽种合欢树的习俗，寓意夫妻和睦、家人团结，对邻居心平气和、友好相处。清代人李渔说：“萱草解忧，合欢蠲忿，皆益人情性之物，无地不宜种之……凡见此花者，无不解愠成欢，破涕为笑，是萱草可以不树，而合欢则不可不栽。”

圆锥形花序，多数

小枝有棱角和柔毛

荚果带状，为黑褐色，内含种子多颗

特征识别

落叶乔木。树冠开展，小枝有棱角，嫩枝、花序和叶轴被茸毛或短柔毛；小叶线形至长圆形，向上偏斜，先端有小尖头。头状花于枝顶排成圆锥花序；花粉红色；花萼管状；花冠裂片呈三角形。带状荚果，嫩荚有柔毛，老荚则无毛。

生活习性

温度： 耐寒、耐阴湿，以15～25 ℃为宜。

光照： 生长期要保证有足够的光照，夏季阳光强烈时可进行遮阴保护。

水分： 保持土壤湿润。

土壤： 对土壤要求不高，但忌黏质土，宜使用肥沃且排水性好的土壤。

应用

合欢树形优美、叶形雅致，盛夏绒花满树，香气浓郁，能营造出轻柔舒畅的气氛。宜作庭荫树、行道树，种植于林缘、房前、草坪、山坡等地。合欢对有毒气体的抗性强，可作化工企业的绿化树种。

小贴士

合欢的嫩叶开水略烫后，可炒制、凉拌，晒干后食用味道更好；花朵加冰糖或蜂蜜，用开水冲泡，能代茶饮，还可做成花粥或泡酒。

繁殖方式

可用种子繁殖，一般在春季将种子进行适当浸泡后便能播种。也可以通过扦插的方式来繁殖，剪取一年生的半木质化枝条，去除底部叶片后，即可作为种条进行繁殖。

别名：夜合欢、夜合树、苦情花 | 科属：豆科，合欢属 | 花期：6～7月

蜀葵 *Alcea rosea* Linnaeus

蜀葵原产于中国四川，故名“蜀葵”，现在中国分布很广，华东、华中、华北地区均有。其高可达丈许，花多为红色，故又名“一丈红”。据杨穆记载，明代成化年间，日本使者来到中国，见蜀葵花不识，问之才明白，遂题诗：“花如木槿花相似，叶比芙蓉叶一般。五尺栏杆遮不尽，尚留一半与人看。”

特征识别

二年生直立草本。茎直立，密被刺毛。叶互生，近圆心形。花腋生，单生或近簇生，排列成总状花序；小苞片杯状，裂片卵状披针形，密被星状柔毛；花萼钟状；花大，有红色、紫色、黑紫色等色，单瓣或重瓣；花瓣倒卵状三角形。

生活习性

温度： 耐寒，在华北地区可以安全露地越冬，以15～30 ℃为宜。

光照： 喜阳光充足的环境。

水分： 开花期适当浇水。

土壤： 喜土层深厚、肥沃、排水性良好的土壤。

应用

红色的蜀葵十分漂亮，颜色鲜艳，给人清新的感觉，很受人喜爱，特别适合种植在院落、路侧、花境，还可组成繁花似锦的绿篱、花墙，以美化园林环境。蜀葵的园艺品种较多，有千叶、五心、重台、剪绒、锯口等名贵品种。矮生品种可作盆花栽培，陈列于门前，不宜久置于室内；也可剪取作切花，供瓶插或作花篮、花束等用。

植株对比

黄蜀葵与蜀葵都是锦葵科，但黄蜀葵是秋葵属，而蜀葵是蜀葵属。黄蜀葵的叶子裂口比较多，叶柄要比蜀葵长；相较之下，蜀葵的叶子裂口少，叶柄要比前者短。黄蜀葵的花色为淡黄色，里面是紫色的，花朵较大，花朵直径大约为 12 厘米；蜀葵的花朵颜色很多，花型比前者小一些，直径为 6~10 厘米。

别名：一丈红、大蜀季 | 科属：锦葵科，蜀葵属 | 花期：6 ~ 8 月

姜花 *Hedychium coronarium* Koen.

姜花原产于印度喜马拉雅山，主要分布于印度、斯里兰卡、澳洲、马来西亚、越南，以及中国广西、广东、香港、湖南、四川、云南等地。姜花颜色恬淡白净，丛生于花序之上的数朵姜花宛如数只蝴蝶共飞并群聚于一起，十分漂亮。正因其外观似蝴蝶之状，故又称为“蝴蝶姜”。

具叶舌，叶背具短柔毛，无柄

花白色，芳香，花冠筒细长

特征识别

草本。茎高 1~2 米。叶片长圆状披针形或披针形，顶端长渐尖，基部急尖，叶面光滑，叶背被短柔毛；无柄；叶舌薄膜质。穗状花序顶生，椭圆形；苞片呈覆瓦状排列，卵圆形，每一层苞片内有花 2~3 朵；花芬芳，白色，花萼管长约 4 厘米，顶端一侧开裂；花冠筒细长，长 8 厘米，裂片披针形，长约 5 厘米，后方的 1 片呈兜状，顶端具小尖头；侧生退化雄蕊长圆状披针形，长约 5 厘米；唇瓣倒心形，长、宽各约 6 厘米，白色，基部稍黄，顶端 2 裂；花丝长约 3 厘米，花药室长 1.5 厘米；子房被绢毛。

生活习性

温度： 喜欢温度较高的生长环境，不耐严寒，温度太低则容易被冻伤。

光照： 喜光照充足的环境。

水分： 保持土壤湿润。

土壤： 喜疏松且肥沃的土壤，在透气性好的土壤环境中能更好地生长。

应用

姜花可种植于庭院、林缘、道旁、草坪、山坡等地，还可作盆栽，摆放于室内、客厅等处，亦可水养、瓶插。

养护要点

在姜花的生长期间，需要及时补充肥料，以满足其生长的要求，如果缺少养分，植株有可能会枯死。通常是间隔半个月施 1 次肥，在入冬前施 1 次肥即可，然后可以到来年的春季再施肥。

小贴士

现在市场上有些花贩为了促使姜花早开，往往把花苞放在盐水里浸过，不知情者买回之后，姜花的细胞组织因受破坏而不再开放，从而变成“盲花”。所以，刚买回家的姜花，最好把花枝倒转过来，放在清水里浸 1 小时左右，把盐分去除后才能开花。

繁殖方式

分有性繁殖和无性繁殖，采用分株繁殖法繁殖速度较快。室外可以越冬的地区，四季都可以种植从成年植株丛中截取的分株，当年 2~3 月种植，7~8 月即可开花，全年每根可分生新株达到 20~40 株，开花质量好，产量也高。

别名：香雪花、野姜花、蝴蝶姜 | 科属：姜科，姜花属 | 花期：7 ~ 8 月

火炬姜 *Etlingera elatior* (Jack) R.M.Sm.

火炬姜原产于非洲及亚洲热带地区，中国广东、福建、台湾、云南等地有引种栽培，尤以云南西双版纳热带植物园种植较多。每 2~3 年生植株的根茎部位，可分化萌生花芽，发育并长成有总梗的头状花序。单支花葶可开花约 20 天，长者 30 多天。在西双版纳只开花，少见结实。

花呈圆锥形球果状，似火炬

假茎粗壮

特征识别

多年生草本。植株丛生。叶互生，成 2 行排列，线形至椭圆形或椭圆状披针形，叶片深绿色。头状花序由地下茎抽出，玫瑰花型；花瓣革质，表面光滑，亮丽如瓷，有 50~100 片花瓣。

生活习性

温度：喜高温、高湿环境，生长适温为 25~30 ℃，低于 15 ℃时生长停滞，越冬温度一般应不低于 5 ℃。

光照：喜光照充足的环境。

水分：保持土壤湿润。

土壤：一般疏松土壤都适宜其生长，但在微酸性、富含腐殖质的沙壤土中生长得更好。

应用

火炬姜可种植于庭院、林缘、道旁、草坪、山坡等地，也可进行大型盆栽，陈设于大堂、广场、宾馆、饭店等场所。新型的名优切花，可作为花束、花篮的主打花。

繁殖方式

可用根茎栽植法或分株法进行繁殖。春、夏季为育苗适期，成株能在地下生长出大根茎，将根茎掘起分切，每块均带有生长点，栽植于土壤中即成。分株法和根茎栽植法相近，只要分切带有地下根茎的茎枝另植即可。茎枝太长的可剪去大半，以提高成活率。

养护要点

要使花大色艳、植株健壮、无病虫害，在加强肥水管理的同时，要进行修剪。冬季，剪除一些枯枝黄叶，疏剪一些密叶，把死株、败花、长势不良的植株剪除，保证通风、透光，减少病虫害，使植株来年生长旺盛，花朵更大、更艳。

病虫害防治

在通风不良时的虫害主要有蚧壳虫，可用 40% 的氧化乐果乳油和 25% 的亚胺硫磷乳油 1000 倍液喷杀。病害主要有叶枯病和根腐病，叶枯病可用 50% 托布津可湿性粉剂 1000 倍液喷洒防治；发生根腐病时可用 75% 百菌清可湿性粉剂 800~1000 倍液喷洒防治。

别名：瓷玫瑰、菲律宾蜡花 | 科属：姜科，茴香砂仁属 | 花期：7 ~ 9 月

天蓝绣球 *Phlox paniculata* L.

天蓝绣球原产于北美洲东部，是夏季的主要观花植物。它姿态优雅、花朵繁茂、色彩艳丽、花色丰富，虽然花朵不大，但可组成大的抱序，在植株上方呈现出一片美丽的色彩，景色壮观，具有很理想的观赏效果。

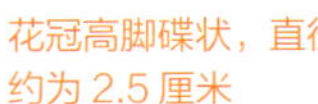

特征识别

多年生草本。茎直立，粗壮。叶对生或 3 叶轮生，长圆形或卵状披针形。伞房状圆锥形花序，多花密集成塔形；花萼筒状，裂片倒卵形；花冠高脚碟状，有淡红色、红色、白色、紫色等色，有柔毛，裂片倒卵形。

生活习性

温度：性喜温暖、湿润，不耐热，耐寒，以 10～25 ℃为宜。

光照：喜阳光充足或半阴的环境。

水分：土壤干则浇水。

土壤：宜在疏松、肥沃、排水性良好的中性或碱性的沙壤土中生长。

应用

天蓝绣球是庭院花坛、花带配栽的佳品，也是家庭盆栽的俏货。陈设于客厅、书房，每当花开，显得格外娇艳，惹人喜爱。

小贴士

天蓝绣球的生长力很旺盛，如果不进行适时、适当的修剪，会引起植株徒长，开花稀少，大大影响观赏价值，因此每年必须进行 2 次修剪。

栽培方式

当繁殖苗长出 5~6 片叶子时，用小瓦盆或胶袋进行栽培；当培苗长至 10~15 厘米高，并有一定株型时，便可在花坛、花境进行地栽，或采用翻盆换土的方法进行盆栽或定植。

别名：锥花福禄考、草夹竹桃、宿根福禄考 | 科属：花荵科，福禄考属 | 花期：6 ~ 7 月

福禄考 *Phlox drummondii* Hook.

福禄考原产于北美南部，现世界各国广为栽培。中国的主要栽培地是东北，如辽宁台安。花色分单色、复色、三色。瓣型分圆瓣种、星瓣种、须瓣种、放射种。此外，还有矮生种、大花种。变种有星花福禄考、圆花福禄考。

特征识别

一年生草本。茎直立，单一或分枝，被腺毛。下部叶对生，上部叶互生，宽卵形、长圆形或披针形，顶端锐尖，基部渐狭或半抱茎，全缘，叶面有柔毛；无叶柄。圆锥状聚伞花序顶生，有短柔毛，花梗很短；花冠高脚碟状，有淡红色、深红色、紫色、白色、淡黄色等。蒴果椭圆形；种子长圆形，褐色。

生活习性

温度：性喜温暖，稍耐寒，忌酷暑，以15～25℃为宜。

光照：喜阳光充足的环境。

水分：保持土壤湿润。

土壤：喜排水性良好、疏松的土壤。

应用

福禄考可种植于庭院、林缘、道旁、草坪、山坡等地；也可以制成盆栽，摆放在室内，起到很好的装饰作用。此外，对于福禄考的一些较优的品种，还可以做成切花，插在瓶中。

小贴士

可以把福禄考摆放在电脑或电视机附近，它能把这些电子产品释放出的电子辐射分解，减少电子辐射对人体的伤害。

病虫害防治

福禄考病虫害较少，偶有叶斑病、蚜虫发生。发生叶斑病时，可喷洒50%多菌灵1000倍液进行防治；发生蚜虫时，可用毛刷蘸稀洗衣粉液刷掉；发生量大时，可喷洒40%吡虫琳1500倍液防治。

养护要点

幼苗在有3片真叶时移入6厘米高的盆；苗高12厘米时，定植于12厘米高的盆。生长期每个月施肥1次，第一批花后进行摘心，促进新芽萌发，继续开花。花期及雨后注意排水，有利于生长和开花。

繁殖方式

多采用播种法，播种繁殖的发芽适温为15~20℃，种子活力可保持1~2年，秋季播种；也可用压条法，时间可在春、夏、秋季进行，一般采用堆土压条和普通压条。

别名：小天蓝绣球、福禄花、福乐花 | 科属：花荵科、福禄考属 | 花期：6～10月

金苞花 *Pachystachys lutea* Nees

苞片金黄色，密覆瓦状排列

金苞花原产于秘鲁，世界各地都有温室栽培。金苞花的花瓣白色，不是非常起眼，真正引人注意的是它金黄色的苞片。金苞花株丛整齐，花色鲜黄，花期较长。其象征吉祥如意，在家居中可放置于阳台，能给家居生活增添色彩，带来吉祥之感。

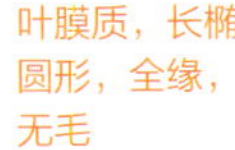

特征识别

常绿草本。多分枝，直立，基部逐渐木质化。叶对生，长椭圆形，有明显的叶脉。花苞金黄色，苞片层叠；夏、秋季开花，顶生，小花乳白色，形似虾体，从花序基部陆续向上绽开。

生活习性

温度： 生长适温为 15～25 ℃，超过 30 ℃或低于 10 ℃，均不利于其生长。

光照： 除盛夏可稍遮阴外，都要给予充足的光照。

水分： 保持土壤湿润。

土壤： 喜疏松透气、肥沃，并含有丰富腐殖质的土壤。

应用

金苞花可用于会场、厅堂及阳台装饰或花坛栽植等。

别名：黄虾花、金包银、黄金宝塔 | 科属：爵床科，金苞花属 | 花期：6～8 月

虾衣花 *Justicia brandegeeana* Wassh.et L.B.Smith

花白色，花分上下 2 唇形

单叶对生，全缘，两面被短硬毛

虾衣花原产于墨西哥，世界各地多有栽培。虾衣花有很多品种，色彩鲜艳、花姿优美、包衣鲜艳。花体中会有细长的白色小花伸出，造型独特。花期较长，且株丛整齐美观。所以，深受广大花卉种植者的喜爱，具有很高的观赏价值。

特征识别

常绿亚灌木。茎圆形，嫩茎节基红紫色。叶卵形，顶端有短尖。穗状花序顶生，下垂；小苞片卵状披针形；花萼 5 裂片；花冠白色，外有短柔毛，唇形。

生活习性

温度： 耐寒、耐阴湿，以 15～25 ℃为宜。

光照： 喜温暖、光照充足的环境。

水分： 保持土壤湿润。

土壤： 喜疏松、肥沃、透水及透气性良好的沙壤土。

应用

虾衣花可盆栽装饰窗台、书房、阳台，也可植于庭院的路边、墙垣边作观赏用；园林中常片植于路边、花坛。

别名：虾夷花、虾衣草 | 科属：爵床科，爵床属 | 花期：6～7 月

夹竹桃 *Nerium oleander* L.

夹竹桃原产于印度、伊朗和尼泊尔，中国各地有栽培，尤以中国南方为多。常在公园、风景区、道路旁或河旁、湖旁栽培，长江以北栽培者须在温室越冬。野生于伊朗、印度、尼泊尔；现广植于世界热带地区。夹竹桃有抗烟雾、抗灰尘、抗毒物和净化空气、保护环境的能力。夹竹桃即使全身落满灰尘，仍能旺盛生长，被人们称为“环保卫士”。

特征识别

常绿直立大灌木。高可达6米；枝条灰绿色。叶3～4片轮生，下枝为对生，窄披针形，顶端极尖。聚伞花序顶生，着花数朵；苞片披针形；单瓣花冠5深裂，红色，披针形；花冠深红色或粉红色；重瓣花冠，有花瓣15~18片，具3轮裂片，内轮为漏斗状，外面2轮为辐状，分裂至基部或每2~3片基部连合。

生活习性

温度： 喜温暖、湿润的气候，耐寒力不强，以20~25℃为宜。

光照： 喜光照充足的环境。

水分： 保持土壤湿润。

土壤： 喜土层深厚、富含腐殖质的沙壤土。

应用

夹竹桃可用作公园、庭院栽植或作盆栽等。

小贴士

夹竹桃的茎皮纤维为优良混纺原料。需要注意的是，夹竹桃全株有毒，切记不要让儿童及宠物误食。

繁殖方式

播种繁殖可在果实成熟后边采边播。水插法是剪一段30厘米左右的枝条，将底部切开4~6厘米，插进装水的容器中，大约半个月就会长出新的根须。

植株对比

黄花夹竹桃的叶片为单叶互生，狭披针形或线形；夹竹桃的叶片为3片或4片轮生，窄椭圆状披针形。黄花夹竹桃的果实是核果；夹竹桃的果实为蓇葖果。黄花夹竹桃的花冠为鳞片状；夹竹桃多为高脚碟状。

别名：柳叶桃、洋桃梅 | 科属：夹竹桃科，夹竹桃属 | 花期：5～8月

鸡蛋花 *Plumeria rubra* L.

鸡蛋花夏季开花，清香优雅。落叶后，光秃的树干弯曲自然，其状甚美。在中国云南西双版纳及东南亚一些国家，鸡蛋花被佛教寺院定为“五树六花”之一，被广泛栽植，故又名“庙树”或“塔树”。其树形美观，奇形怪状，全株茎干含有乳汁，在温室栽培时冬季会落叶，这是其耐寒性差的表现，但落叶后光秃的树干弯曲自然，颇似盆景，也有很强的观赏性。

特征识别

落叶小乔木。枝条粗壮，肥厚多肉。叶大，长圆状倒披针形或长椭圆形；叶厚纸质，多聚生于枝顶。花数朵聚生于枝顶；总花梗肉质，绿色；花梗淡红色；花冠筒状，外围为乳白色，中心鲜黄色，裂片阔倒卵形，5 裂，顶端圆筒状。

生活习性

温度： 喜高温，以 20 ~ 26 ℃为宜。

光照： 喜阳光充足的环境。

水分： 耐干旱、忌涝渍，抗逆性好，土壤干则浇水，浇则浇透。

土壤： 喜土层深厚、富含腐殖质的沙壤土。

应用

在园林绿化中，鸡蛋花同时具备绿化、美化、香化等多种效果。在园林布局中，可进行孤植、丛植、临水点缀等多种配植使用。

鉴别

白花缅栀

白花缅栀原产于西印度群岛，叶椭圆状披针形；花色白，中心黄色，具芳香；蓇葖果。

红花缅栀

红花缅栀原产于墨西哥到委内瑞拉及西印度群岛，花粉红色或红紫色；叶厚纸质，长圆状倒披针形。

别名：蛋黄花、缅栀子、庙树、塔树 | 科属：夹竹桃科，鸡蛋花属 | 花期：5 ~ 10 月

黄蝉 *Allamanda schottii* Pohl

黄蝉原产于美国南部及巴西，分布于热带美洲，中国为引入栽培。黄蝉花的花语为活泼、快乐、希望，因为它开花的时候花色是橙黄色的，颜色亮丽，给人一种积极向上的感觉，代表着希望。

特征识别

直立灌木。枝条灰白色。叶 3~5 片轮生，全缘，椭圆形或倒卵状长圆形。聚伞花序顶生；花橙黄色；苞片披针形；花冠筒漏斗状，内面有红褐色条纹，下部圆筒状；花萼深 5 裂，裂片披针形。

生活习性

温度： 喜高温，以 20~25 ℃为宜。

光照： 喜阳光充足的环境。

水分： 保持土壤湿润。

土壤： 喜肥沃、湿润的沙壤土，忌积水和盐碱地。

应用

黄蝉可用作花坛、花境布置，因其植株浓密、叶色碧绿、花朵明快灿烂，适宜作大中型盆栽，装饰客厅、阳台、公园及商场、会场等大型室内空间。

小贴士

其植株乳汁有毒，人畜中毒后会刺激心脏，使循环系统及呼吸系统受到影响。妊娠动物误食，会流产。

鉴别

软枝黄蝉

多年生常绿灌木。枝条软，弯垂。叶纸质，通常 3~4 片轮生，倒卵形或倒卵状披针形；端部短尖，基部楔形。聚伞花序顶生；花有短花梗；花萼裂片披针形；花冠橙黄色，花冠下部长圆筒状。

别名：黄兰蝉 | 科属：夹竹桃科，黄蝉属 | 花期：5 ~ 8 月

锦葵 *Malva cathayensis* M.G.Gilbert,Y.Tang & Dorr

锦葵是直立草本，在中国分布广泛，南自广东、广西，北至内蒙古、辽宁，东起台湾，西至新疆和西南各地区，均有分布；印度也有栽培。一到夏天，锦葵就会开出从淡粉色到深紫色的多彩花朵，使其作为观赏用香草而广受人们欢迎。此外，锦葵香草茶神奇的颜色变换给人赏心悦目的感觉，在其中加入柠檬汁，茶的颜色就会从蓝色变为粉红色，还具有调节呼吸系统功能的作用。

叶片边缘具圆锯齿，两面均无毛

匙形花瓣，先端微缺

茎直立，生有稀疏的毛

花数朵簇生，单朵花直径为 3.5~4 厘米

特征识别

二年生或多年生草本。分枝多。叶互生；托叶偏斜，卵形，先端渐尖；叶圆心形或肾形。花 3 ~ 11 朵簇生，无毛或疏被粗毛；花萼杯状，萼裂片 5 片，两面均被星状疏柔毛；花紫红色或白色，花瓣 5 片，匙形。

生活习性

温度：耐寒，适宜生长温度为 20~25 ℃，冬季温度不低于 3 ℃。

光照：喜光照充足的环境。

水分：高温季节土壤应偏干，忌湿。

土壤：适应性强，在各种土壤中均能生长，以沙壤土最适宜。

应用

锦葵可用于花坛、花境栽植或作切花等；也可作盆栽，装饰房屋。但要注意，入冬后应移入室内，放置于向阳温暖之处。

小贴士

锦葵的花朵、茎、叶都是可以作为药材入药的，除了制成汤药，还可以将锦葵的入药部分晒干，研成粉末，用开水冲成药液饮用。锦葵可清热利湿，一般用来辅助治疗大便不畅、肚脐及腹部疼痛等症。

病虫害防治

虫害主要是蚜虫和蚧壳虫，可用 25% 功夫乳油 2000 倍液、10% 氧化乐果 2000 倍液喷洒防治；病害主要是煤污病，可用 50% 退菌特 1000 倍液至 1500 倍液喷洒，同时注意通风、透光。

植株对比

蜀葵的植株高大，可达 2 米；锦葵高度为 50~90 厘米，比蜀葵要矮很多。蜀葵的叶片比锦葵大，叶柄也长。蜀葵的花朵大，花色丰富；锦葵的花朵小，花色单一。

别名：钱葵、棋盘花 | 科属：锦葵科、锦葵属 | 花期：5 ~ 8 月

向日葵 *Helianthus annuus* L.

向日葵原产于南美洲，驯化种由西班牙人于1510年从北美洲带到欧洲，最初作为观赏用。19世纪末，又被从俄国引回北美洲。向日葵为世界四大油料作物之一，约自明朝传入中国。向日葵可分为观赏与食用2类，其中观赏型品种还可分为高株和矮株、早花与晚花等。一般观赏类向日葵的植株不会太高，而食用类植株高大，最高可达2米以上，可通过植株的高矮来辨别其用途。向日葵除了观赏与食用，还有修复土壤的功能，当其扎根土壤，利用其根系吸收养分时，也是对有害污染物进行提取、降解、过滤、固定或挥发的过程。

能结实的两性管状花

特征识别

一年生草本。茎直立。广卵形的叶片通常互生，先端锐突或渐尖，边缘有粗锯齿。头状花序，单生于茎顶或枝端；花序边缘生中性的黄色舌状花，不结实；花序中部为两性管状花，棕色或紫色，能结实。

生活习性

温度： 对温度的适应性较强，是既喜温又耐寒的植物，以18～25 ℃为宜。

光照： 喜光照充足的环境。

水分： 喜水分充足的环境，生长期可以每1~2天浇1次水，温度高时可多浇水。

土壤： 对土壤要求较低，在各类土壤中均能生长。

应用

向日葵可用于园林栽植、作盆栽或作切花等。向日葵种子叫葵花子，常炒制之后作为零食食用，味美；也可以榨葵花子油用于食用，其油渣可以作饲料。

鉴别

玩具熊

玩具熊是一种新奇的品种，是一种矮小的向日葵，有着丰富的金黄色花瓣。

福拉里斯坦

福拉里斯坦是一种双色品种，有着黑色的芯，周围包围着的是略带红色的褐黄色花瓣，花朵直径约10厘米。

别名：葵花、太阳花 | 科属：菊科，向日葵属 | 花期：6 ~ 9月

大丽花 *Dahlia pinnata* Cav.

大丽花是世界名花之一，它的花期长、花朵直径大、花朵多。精品大丽花花朵直径可达 30~40 厘米，是目前花卉中独一无二的。花色有红色、紫色、白色、黄色、橙色、墨色、复色七大色系；花朵有单瓣和重瓣，单瓣花朵开放时间较短，重瓣花朵开放时间较长。目前，世界多数国家均有栽植，选育新品种时有问世。据统计，大丽花品种已超过 3 万个，是世界上花卉品种最多的物种之一。

舌状花顶端有不明显的 3 齿，或全缘

特征识别

多年生草本。有巨大的棒状块根。茎直立，多分枝。叶 1~3 回羽状全裂，裂片卵形或长圆状卵形。头状花序大，有长花序梗，总苞片外层约 5 片，卵状椭圆形；舌状花 1 层，白色、红色或紫色，常为卵形。

巨大的棒状块根

生活习性

温度： 喜温暖的环境，以 15~25 ℃为宜。

光照： 喜半阴环境，光照过强会影响开花，光照时间一般以 10~12 小时为宜，培育幼苗时要避免阳光直射。

水分： 见干见湿，土壤干则浇水。

土壤： 喜疏松、排水性良好的肥沃砂质土。

应用

大丽花可种植在庭院中，美化庭院；矮生品种可作盆栽，摆放在光照条件较好的客厅、阳台等处，或作切花，摆于茶几、书架上，观赏性佳。

小贴士

大丽花能有效吸收二氧化硫、甲醛等空气污染物，同时有抗菌的作用。此外，它还可以监测空气中氨氧化物的污染状况。

繁殖方式

大丽花的繁殖通常采用播种、扦插和切割种球的方法。

别名：大理花、东洋菊 | 科属：菊科，大丽花属 | 花期：5 ~ 10 月

鉴别

寿光

花鲜粉色，花瓣末端白色，花朵艳丽，花朵直径 12 厘米。株高 110 厘米。为夏、秋季常见切花品种。

瑞宝

花橙红色，不露心，呈睡莲状开放，花朵直径 12 厘米。极早花品种。宜大棚栽培。

朝影

花鲜黄色，花瓣先端白色，重叠圆厚，不露花心，花朵直径 12 厘米。株高 120 厘米。易栽培。

新晃

花鲜黄色，花瓣先端白色，花多。株高 90 厘米。

华紫

花纯紫色，花朵直径 12 厘米，是紫色系中的佳品。

红妃

花深红色，叶直立，枝多，容易栽培。

丽人

花紫红色，花瓣先端白色，花朵直径 10 厘米。株高 100 厘米，直立性强。为小型切花品种。

红簪

花粉色，花瓣浑圆，玫瑰形，花朵直径 12 厘米。植株紧凑协调，非常美丽。

夜来香 *Telosma cordata* (Burm.F.) Merr.

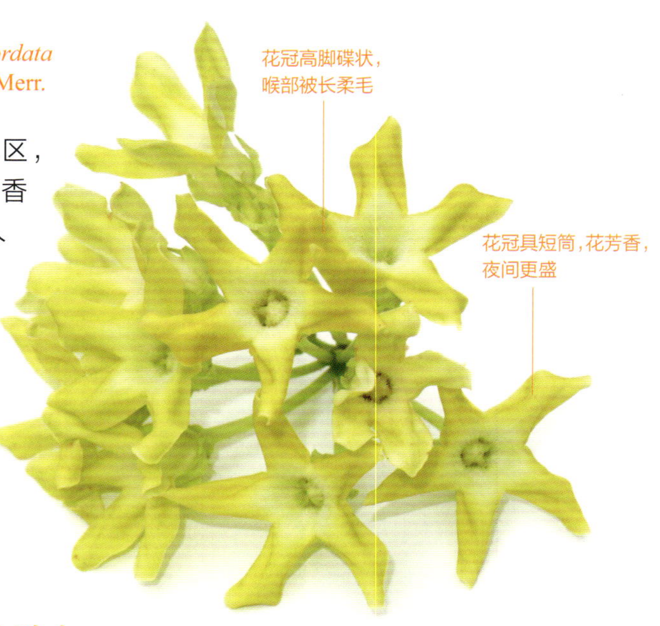

夜来香原产于中国华南地区，现中国南方各地均有栽培。它香味浓郁，尤以夜间更盛，对人的健康不利，因而晚上不应在夜来香花丛前久留。在华南地区，有人取其花与肉类煎炒作食物。其花可蒸香油；花、叶入药用，有清肝、明目之效，华南地区民间用于治结膜炎、疳积等。

特征识别

多年生藤状缠绕草本。小枝柔弱，有柔毛。叶对生，叶片宽卵形、心形至矩圆状卵形，先端短渐尖，基部深心形。聚伞状花序腋生，有花多至 30 朵；花冠裂片呈矩圆形，黄绿色，有清香。

生活习性

温度：喜温暖、干燥的环境，以 20～30 ℃为宜。

光照：喜阳光充足，但在夏季的中午应避免烈日暴晒。

水分：保持土壤湿润。

土壤：喜疏松、排水性良好、肥沃适度的土壤。

应用

夜来香可用于庭院、窗前栽植或作盆栽等。

养护要点

夜来香是喜肥的一种植物，所以在生长过程中要少量多次地进行施肥。

小贴士

夜来香的香气会使高血压和心脏病患者感到头晕目眩、郁闷不适，易引起胸闷和呼吸困难等症状，所以不适合摆放于室内。

植株对比

晚香玉是石蒜科多年生草本，茎直立，不分枝；而夜来香是夹竹桃科植物，藤状灌木，枝柔弱。晚香玉性喜欢温暖潮湿、阳光充足的环境；而夜来香性喜通风良好、气候干燥的环境。

别名：夜香花、夜丁香 | 科属：夹竹桃科，夜来香属 | 花期：5～8 月

紫薇 *Lagerstroemia indica* L.

紫薇原产于亚洲，广植于热带地区。中国广东、广西、湖南、福建、江西、浙江、江苏、湖北、河南、河北、山东、安徽、陕西、四川、云南、贵州及吉林等地均有生长或栽培。紫薇树姿优美，树干光滑洁净，花色艳丽；开花时正当夏秋少花季节，花期长，故有“百日红”之称，又有“盛夏绿遮眼，此花红满堂”的赞语，是观花、观干、观根的盆景良材；其根、皮、叶、花皆可入药。

生活习性

温度：喜温暖的环境，温度以 20～30 ℃为宜。

光照：喜阳光充足的环境。

水分：保持土壤湿润。

土壤：喜肥沃、湿润的土壤，不择酸碱性。

应用

紫薇可用于庭院、园林、草坪栽植等。

特征识别

落叶灌木或小乔木。树皮平滑，灰色或灰褐色。叶互生或有时对生，纸质，椭圆形、阔矩圆形或倒卵形。花色有玫红色、大红色、深粉红色、淡红色或紫色等，组成顶生圆锥形花序；花瓣 6 片，有长爪。

鉴别

大花紫薇

大乔木。树皮灰色。叶革质，矩圆状椭圆形或卵状椭圆形。花淡红色或紫色，顶生圆锥形花序；花瓣 6 片，近圆形至矩圆状倒卵形。

小叶紫薇

落叶乔木。树皮呈长薄片状。小枝略呈四棱形；单叶对生或近对生，椭圆形至倒卵形，有短柄。圆锥形花序着生于当年生枝端，花瓣 6 片。

别名：百日红、痒痒花、满堂红 | 科属：千屈菜科，紫薇属 | 花期：6～9 月

龙舌兰 *Agave americana* L.

龙舌兰原产于美洲热带，中国华南及西南各地区常引种栽培。龙舌兰叶片坚挺，四季常青，开花后花序上可生出大量珠芽。龙舌兰的花序非常大，能长到 6~12 米，可谓世界上最长的花序；花朵呈铃状，有几百朵之多，为白色或淡黄色，然而开花后，植株就会干枯死亡，所以龙舌兰又被叫作“世纪树”。

叶片灰绿色，具白粉

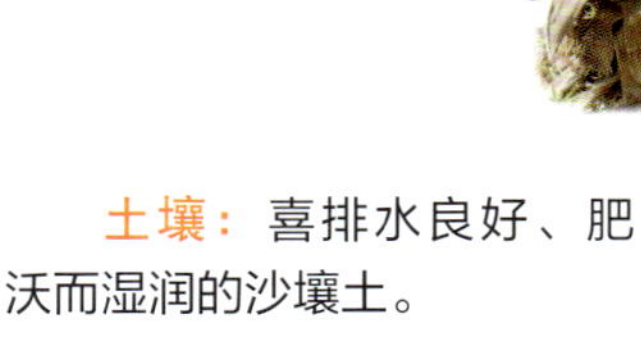

30~40 片叶呈莲座式着生于茎上

特征识别

多年生草本。叶呈莲座式排列，通常 30~40 片，大型，肉质，倒披针状线形；长 1~2 米，叶缘具有疏刺，顶端有 1 枚硬尖刺，刺暗褐色。大型圆锥形花序，多分枝；花黄绿色。

生活习性

温度： 耐寒、耐阴湿，温度以 15~25 ℃为宜。

光照： 适应日照充沛的环境，若环境中的阳光不够充足，常会使植株生长得不好。

水分： 生长期必须给予充足的水分；冬季休眠期，龙舌兰不宜浇灌过多水分，否则容易引起根部腐烂。

叶肉质，叶缘有波状锯齿，齿端下弯，呈钩状

土壤： 喜排水良好、肥沃而湿润的沙壤土。

应用

盆栽龙舌兰适合用来布置小庭院和厅堂，栽植在花坛中心、草坪一角，能增添热带风情。

在墨西哥东北部，龙舌兰的叶子被人们用来喂养牲畜。墨西哥人用榨干汁液的龙舌兰根茎废料造纸，造出的“龙舌兰纸”与中国古代泛黄的树皮纸相似。此外，墨西哥人还用龙舌兰的芽来制造绳子、箱子、网、桌布等。

水培养护要点

龙舌兰水培时首先需要将其所有的根系用消毒液进行消毒，再用生根液浸泡一定时间。在水培期间，需要定期查看生长情况，注意不要被菜青虫吃其叶片和心；还要注意将其放置于光照充足处培育，不要长期放在阴暗处，以免叶片发白、变细，影响观赏价值。

别名：龙舌掌、番麻、世纪树 | 科属：天门冬科，龙舌兰属 | 花期：6 ~ 7 月

食用价值

龙舌兰作为一种食物资源，在中美洲至少已有 9000 年的历史。人们一般以龙舌兰茎或叶子基部柔软的含淀粉的白色分生组织为食；也可以烘烤龙舌兰，或者烹饪龙舌兰的表皮为食。

养护要点

在生长季节需每个月施用 1 次肥料，可以施用有机肥料，也可以施用氮、磷、钾肥。进入秋天后，植株的生长速度变慢，不要再对其施用肥料。若用花盆栽植欣赏，应随着新叶片的生长，尽早把下部干枯、发黄的老叶片剪除，并将旁边生长出来的蘖芽去掉，以使植株形态好看。

药用价值

龙舌兰味甘，性平，具有润肺、化痰、止咳等功效，可用于治疗咳嗽、吐血、哮喘等。此外，从金边龙舌兰叶中提取制成的口服液对治疗慢性支气管炎有显著疗效。

繁殖方式

常用分株和播种繁殖。分株繁殖，在早春 4 月换盆时进行，将母株托出，把母株旁的蘖芽剥下另行栽植，注意尽量多带根系。播种繁殖，通过异花授粉才能结果，采种后于 4~5 月播种，约 2 周后发芽，幼苗生长缓慢，成苗后生长迅速。

小贴士

放置小巧的龙舌兰在电脑桌的书架上，或是视旁边，可以净化空气，也让家里绿意盎然。大盆的龙舌兰有着雄壮威武的感觉，摆在阳台或者落地窗前，非常大气。龙舌兰可吸收 70% 的苯、50% 的甲醛和 24% 的三氯乙烯，可以净化空气。

鉴别

金边龙舌兰

植株挺拔，呈莲座式排列。叶丛生，呈剑形，叶长 20～140 厘米；叶质厚，平滑，绿色，边缘有黄白色条带镶边，有红色或紫褐色锯齿。花、叶有多数横纹；花黄绿色，肉质。

绿边龙舌兰

无茎。叶子厚、坚硬，倒披针形，灰绿色；莲座式排列，较松散，底部叶子部分较软，匍匐在地，较大的叶子经常向后反折，少数叶子的上半部分会向内折，叶基部表面凹、背面凸，至叶顶端形成明显的沟槽；叶顶端有 1 枚硬刺，叶缘具向下弯曲的疏刺。大型圆锥形花序，上部多分枝；花簇生，有浓烈的臭味；花被基部合生成漏斗状，黄绿色；雄蕊长约为花被的 2 倍；蒴果长圆形。开花后花序上生成的珠芽极少。

玫瑰 *Rosa rugosa* Thunb.

在欧洲诸语言中，蔷薇、玫瑰、月季都是使用同一个词，如英语是“Rose”、德语是“Die Rose”。通俗意义中的“玫瑰”已成为多种蔷薇属植物的通称，且事实上，杂交玫瑰也是由蔷薇属下各物种杂交选育所产生。玫瑰是所有花卉中最著名，也是最受欢迎的一类。几个世纪以来，玫瑰一直备受推崇。玫瑰原产于中国华北地区、日本和朝鲜，一直深受人们喜爱。南宋诗人杨万里更是以一首《红玫瑰》赞赏了玫瑰的色泽鲜艳、香气四溢。玫瑰花可制作成各种茶点，如玫瑰花茶、玫瑰花酒等。用干花泡制的玫瑰花茶清香淡雅，是美容养颜的佳品。

花朵为圆形或似球形，花瓣极多

枝多针刺

叶片上表面光滑，下表面被短柔毛，边缘有锯齿

果实为砖红色、扁球形的肉质果，果期为 8~9 月

白色玫瑰

特征识别

落叶灌木。枝多针刺。奇数羽状复叶，小叶 5 ~ 9 片，椭圆形或椭圆状倒卵形，有边刺。花单生于叶腋，或数朵簇生；萼片卵状披针形，常有羽状裂片而扩展成叶状；花瓣倒卵形，重瓣至半重瓣，芳香，紫红色至白色。

生活习性

温度：耐寒、耐旱，以 12 ~ 28 ℃为宜。

光照：喜阳光充足的环境。

水分：保持土壤湿润。

土壤：喜排水性良好、疏松、肥沃的土壤，在黏质土中生长不良。

应用

玫瑰可用于庭院、花坛、花境栽植等，作盆栽适合摆放在客厅、书房，也可以剪下瓶插以装饰居室，使居室显得活泼而富有生机。

繁殖方式

玫瑰多以扦插、嫁接、播种的方式进行繁殖。其中扦插可以分为土插和水插，春、秋两季进行为宜。

小贴士

玫瑰容易生蚜虫和霉菌。可以在玫瑰植株之间种上大蒜，蒜味有助于赶走蚜虫。这个方法也可以用来防止玫瑰植株受到霉菌的侵袭。

植株对比

玫瑰与月季可从枝、叶及花朵气味 3 个方面来辨别。玫瑰的刺又细又密；月季的刺又大又少。玫瑰的叶子更细长，颜色为黄绿色；月季的叶子更圆润饱满一些，颜色更绿、更油亮。所有的玫瑰都有浓郁的香味；月季则有的品种香味浓郁，有的品种没有香味。

别名：徘徊花、刺玫花 | 科属：蔷薇科，蔷薇属 | 花期：5 ~ 8 月

药用价值

玫瑰花含有300多种化学成分，如芳香的醇、醛、脂肪酸、酚和含香精的油和脂。常食玫瑰制品，可以疏肝醒胃、行气活血、美容养颜，令人神清气爽。玫瑰初开的花朵及根可入药，有理气、活血、收敛等作用，主治月经不调、跌打损伤、肝气胃痛、乳痈肿痛等症。

玫瑰果的果肉可制成果酱，具有特殊风味，玫瑰果含有丰富的维生素C及维生素P，可预防急、慢性传染病，冠心病，肝病。用玫瑰花瓣以蒸馏法提炼而得的玫瑰精油（称玫瑰露），可激活雄性激素及精子，还可以改善肤质，促进血液循环及新陈代谢。

小贴士

玫瑰为香料植物，从玫瑰花中提取的香料——玫瑰油，在国际市场上价格昂贵，1千克玫瑰油相当于1.25千克黄金的价格，所以有人称之为“液体黄金”。某些特别的芳香种类，如中国的玫瑰和保加利亚的墨红，专门用来提炼昂贵的玫瑰油或糖渍食用。

玫瑰油成分纯净、气味芳香，一直是世界香料工业不可取代的原料，在欧洲多用于制造高级香水等化妆品。从玫瑰油废料中开发提取的玫瑰水，因其不加任何添加剂和化学原料，是纯天然护肤品，具有极好的抗衰老和止痒作用。此外，玫瑰的根皮可作为绢丝等物的黄色染料。

鉴别

粉佳人

切花用品种。根分肉质根和须根，须根多生长在肉质根上。叶基生，浅绿色，宽线形，对排成2列，背面有龙骨突起，浅绿色。花上位，花葶粗壮，每葶上可着花7朵；单瓣，内、外花被均为紫红色；花喉黄绿色，色泽亮丽。

蓝色妖姬

基本形态与月季相似，花瓣为10~20片。比较正规的“蓝色妖姬”是在花卉的成长期开始染色，颜色能均匀地附着在花瓣上，看上去比较自然；大部分商贩直接将普通的白玫瑰花采摘后染成蓝色，颜色不自然且容易掉色。还有一种用蓝色金粉染色覆盖的“蓝色妖姬”。

金枝玉叶

切花用品种。金枝玉叶花型饱满，颜色为亮黄色，外层花瓣边缘偏白，有些甚至开出卷芯。

卡罗拉

切花用品种。美国的专利产品，属于红玫瑰中的顶级品种，花色是最标准的玫瑰红，花朵大而饱满，每朵花的直径在8~10厘米，盛开后鲜艳照人，可谓玫瑰中的上品。

蜜桃雪山

切花用品种。2004年由荷兰的Lex Voorn培育，直立开花，枝条强健，不垂头；花朵呈现有光泽的香槟黄色，花瓣厚实，耐开。

茉莉花 *Jasminum sambac* (L.) Aiton

茉莉花原产于中国江南地区及西部地区，印度、阿拉伯一带也有分布，中心产区在波斯湾附近，现广泛栽植于亚热带地区，主要分布在伊朗、埃及、土耳其、摩洛哥、阿尔及利亚、突尼斯，以及西班牙、法国、意大利等地中海沿岸国家，印度及东南亚各国均有栽培。茉莉花极香，为著名的花茶原料及重要的香精原料；其花、叶入药用，可治目赤肿痛，并有止咳化痰之效。

花多簇生

花冠裂片在花蕾时呈覆瓦状排列

叶革质，无毛

有叶柄，叶柄上有短柔毛

特征识别

常绿直立或近攀缘灌木。叶对生，长圆形或广卵形；叶脉明显，叶面微皱，叶革质，无毛；有叶柄，叶柄上有短柔毛。聚伞花序，顶生或腋生，有花 3~12 朵，花冠白色，极芳香；花冠裂片在花蕾时呈覆瓦状排列。

生活习性

温度： 耐寒、耐阴湿，以 15 ~ 25 ℃为宜。

光照： 以半日照为宜。

水分： 保持土壤湿润。

土壤： 喜富含有机质、具有良好的排水性和透气性的土壤。

小枝圆柱形或扁状，疏被柔毛

应用

茉莉花可种植于庭院、林缘、道旁、草坪、山坡等地可作绿篱、花境、花坛，也可丛植、片植于公园、庭园、草坪、山坡等绿地，还可盆栽观赏。作盆栽，适合放在阳光充足的地方，如阳台、窗台，不可长时间放在室内。

小贴士

花盆内有积水会导致茉莉烂根，所以需小心控制浇水量，只需保证土壤湿润即可，可选择排水性能好的花盆。高湿闷热的环境也会导致茉莉烂根，所以一定要保持良好的通风。

植株对比

茉莉枝干颜色为褐色；栀子枝干颜色为灰色。茉莉花一般是 3 朵或 3 朵以上聚集在枝条上；栀子花一般是单独的花朵开放在枝条顶端。茉莉叶子相对较短；栀子的叶子长一些。茉莉的果实为球形，比较小；栀子果实为卵形，相对大一些。

别名：茉莉、木梨花 | 科属：木樨科，素馨属 | 花期：5 ~ 8 月

繁殖方式

家庭种植茉莉比较适合选用扦插、压条和分株这 3 种繁殖方式，操作简便，成活率高。扦插选成熟的一年生枝条，去除下部叶片，顶端带 1 对完整的叶片，插床后覆盖塑料薄膜，保持较高的空气湿度即可；压条要选较长的枝条，可在节下部轻轻刻伤，这样可以促进生根；分株可在每年春季换盆时进行，分株时要适当修剪根系和地上枝叶。

养护要点

生长期需每周施稀薄饼肥 1 次。5~8 月开花期要勤施肥，最好每 2~3 天施 1 次，以含磷的液肥为主。在春季发芽前，可将枝条适当剪短，保留基部 10~15 厘米。春季换盆后，要注意摘心整形，花谢后应及时剪去残败的花枝，以促使基部萌发新枝。

茉莉花茶

茉莉花茶是福建省福州市的特产，是用特种工艺造型茶或经过精制后的绿茶茶坯与茉莉鲜花熏制而成的茶叶品种。福州茉莉花茶曾内销中国各地，外销 40 多个国家和地区。在茶叶分类中，茉莉花茶仍属于绿茶，其滋味鲜浓醇厚、更易入口，这也是北方人喜爱喝茉莉花茶的原因之一。常饮茉莉花，有清肝明目、生津止渴、祛痰止痢、通便利尿、祛风解表、坚齿防龋、益气力、降血压、强心、防辐射损伤、抗衰老之功效，使人延年益寿、身心健康。

鉴别

鸳鸯茉莉

多年生常绿灌木。植株高可达 70~150 厘米，茎皮呈深褐色或灰白色，分枝力强。单叶互生，纸质，长披针形或椭圆形。花单朵或数朵簇生，有时数朵组成聚伞花序；花冠呈高脚碟状，有浅裂；花萼呈筒状；花含苞时为蘑菇形、深紫色，初开时为蓝紫色，以后渐成淡雪青色、白色，单花可开放 3~5 天，花香浓郁。

牡丹 *Paeonia × suffruticosa* Andr.

牡丹花色泽艳丽，玉笑珠香，风流潇洒，富丽堂皇，素有“花中之王”的美誉。在栽培类型中，根据花的颜色可分成上百个品种。牡丹品种繁多，色泽亦多，以黄色、绿色、肉红色、深红色、银红色为上品，尤以黄色、绿色为贵。牡丹花大而香，故又有“国色天香”之称。唐代刘禹锡有诗曰：“庭前芍药妖无格，池上芙蕖净少情。唯有牡丹真国色，花开时节动京城。”1985 年 5 月，牡丹被评为中国十大名花之一，有数千年的自然生长史和 1500 多年的人工栽培史。

特征识别

落叶灌木。顶生小叶宽卵形，裂片不裂或 2～3 浅裂；侧生小叶狭卵形或长圆状卵形，叶柄和叶轴均无毛。花单生于枝顶，苞片 5 片，长椭圆形；萼片 5 片，绿色，宽卵形，花瓣 5 瓣或重瓣，玫瑰色、红紫色、粉红色至白色，通常变异很大，倒卵形，顶端呈不规则波状；花药长圆形；花盘革质，杯状，紫红色；心皮密生柔毛。蓇葖长圆形，密生黄褐色硬毛。

生活习性

温度：温度在 25 ℃以上会使植株进入休眠状态，开花适温为 17~20 ℃。

光照：喜温暖、阳光充足的环境。

水分：栽植后浇 1 次透水，生长期忌积水。

土壤：喜疏松、深厚、肥沃、地势高、排水性良好的中性沙壤土。

应用

牡丹可用于庭院、公园、花坛栽植或作盆栽等，盆栽牡丹可摆放在阳台、客厅等处，是居家装饰的点睛之笔。

小贴士

牡丹对臭氧、二氧化硫等污染物具有监测作用。当周围环境中的臭氧达到一定浓度时，牡丹的叶片会出现斑点伤痕，叶片颜色会随着污染程度的变化而呈现褐色、淡黄色、灰白色等。

食用价值

牡丹花可供食用。中国不少地方有用牡丹鲜花瓣做的牡丹羹，或者配菜添色制作名菜。牡丹花瓣还可蒸酒，制成的牡丹露酒口味香醇。

别名：洛阳花、富贵花 | 科属：芍药科，芍药属 | 花期：5 ~ 6 月

鉴别

紫牡丹

亚灌木，全体无毛。茎高1.5米，当年生小枝草质，小枝基部具数枚鳞片。分布于中国西部的中高海拔山地，可栽培。花瓣呈红色至紫红色，花丝深紫色，花语是“非常难为情”。

魏紫

落叶灌木。株型中高，半开展；枝较粗壮，一年生枝较短，节间较短。出自五代时期洛阳魏家，具有极致的重瓣之美，是名贵的牡丹花品种，花紫红色，荷花形或皇冠形。花期长，花量大，花朵丰满，被誉为“花后”。魏紫给人以温馨、热烈的美感，增添成功、喜庆、富贵、吉祥的感觉，观赏性极强。

庆云黄

落叶小灌木或亚灌木，全体无毛。茎木质，圆柱形，灰色；嫩枝绿色，基部有宿存倒卵形鳞片。叶互生，纸质，二回三出复叶；叶片羽状分裂，裂片披针形，纸质。花2~5朵生于枝顶或叶腋；苞片披针形；萼片宽卵形；花瓣黄色，倒卵形，有时边缘红色或基部有紫色斑块；花盘肉质，包住心皮基部，顶端裂片三角形或钝圆。

首案红

花单生于枝顶，花蕾圆尖形，端部常开裂；花为深红色，艳若玫瑰，花盘为革质，杯状，紫红色；花梗长而直，花朵直上。首案红为洛阳牡丹花中上品。

梨花雪

落叶灌木，株型矮，开展。枝细弱。叶通常为二回三出复叶，顶生小叶宽卵形，表面绿色，无毛，背面淡绿色，有时具白粉，沿叶脉疏生短柔毛或近无毛。花单生于枝顶，苞片长椭圆形，大小不等；萼片绿色，宽卵形，大小不等；花朵皇冠形；花蕾圆尖形；花白色；花药长圆形；花盘革质，杯状，紫红色。

芍药 *Paeonia lactiflora* Pall.

芍药分布于中国江苏、东北、华北、陕西及甘肃南部。它的花瓣重重叠叠，可达上百片，被人们誉为“花仙”和“花相”，且被列为十大名花之一，又被称为“五月花神”。著名诗人韩愈所写“红灯烁烁绿盘龙”中的“绿盘龙”就是对芍药叶的赞美。

特征识别

有粗壮的肉质纺锤形或长柱形块根。分枝为黑褐色；茎高 40~70 厘米，无毛。下部茎生叶为二回三出复叶，上部茎生叶为三出复叶；小叶狭卵形，椭圆形或披针形。花数朵，顶生或腋生；苞片 4~5 片，披针形，大小不等；萼片有 4 片，宽卵形或近圆形；花瓣倒卵形，花瓣各色，有单瓣或重瓣，有时基部具深紫色斑块；花丝长 0.7~1.2 厘米。

生活习性

温度：耐寒、耐阴湿，以 15~25 ℃为宜。

光照：喜光照充足的环境。

水分：浇水量不宜过多，宁干勿湿。

土壤：喜土层深厚、富含腐殖质的沙壤土。

应用

芍药可作专类园、切花、花坛用花等，芍药花大色艳，观赏性佳。和牡丹搭配，可在视觉效果上延长花期，因此常和牡丹搭配种植。

鲜切花养护

①枝叶修剪。先摘除花枝底部的叶子，需做到水位之下不留叶子，保留顶部 2~3 片叶子即可；再将花秆底部的枝条按 45° 斜剪，可以增加吸水面，有利于芍药长时间存活。②定期换水。水培芍药插花需要定期换水，室温低时可每 2~3 天换 1 次水，室温高时则需要每 1~2 天换 1 次水。③后期管理。要放在室内光线明亮的地方，以明亮的散光为宜，避免强光直射。如果室温比较高，可以适当地给芍药喷水，保持叶面雾态。

植株对比

牡丹和芍药就像一对双胞胎姐妹，不少人往往会误认，应从 4 个方面加以区分。一看叶子：牡丹的叶片先端常常分裂，如爪；芍药的叶片先端是尖的，无分裂。二看花朵：牡丹的花朵多单生于枝顶，直径较大，可达 20 厘米；芍药的花多数朵丛生，直径为 15 厘米左右。三看茎：牡丹的茎为木质，落叶后地上部分的茎不枯死；芍药的茎为草质，落叶后地上部分的茎会全部枯死。四看花期：中国长城以南地区有“谷雨看牡丹，立夏看芍药”之说。

别名：花仙、花相、离草、红药、五月花神 | 科属：芍药科，芍药属 | 花期：5 ~ 6 月

月季 *Rosa chinensis* Jacq.

花瓣先端有凹陷

月季被称为“花中皇后”，又称“月月红”，色彩艳丽、丰富，不仅有红色、粉色、黄色、白色等单色，还有混色、银边等品种，世界上已有近万种，中国也有千种以上。月季在中国传统文化中处于弱势地位，但新的考古发现，月季是华夏先民北方系——黄帝部族的图腾植物。早在汉代，月季就有栽培，唐宋以后更是栽种不绝，历代文人也留下了不少赞美月季的诗句。唐代著名诗人白居易曾有“晚开春去后，独秀院中央”的诗句，明代诗人张新诗云：“一番花信一番新，半属东风半属尘。惟有此花开不厌，一年长占四季春。”

顶生小叶片有柄，侧生小叶片近于无柄

叶片边缘有尖锯齿

特征识别

直立灌木。高 1 ~ 2 米；小枝粗壮，圆柱形，有短粗且稀疏的钩状皮刺。小叶片宽卵形至卵状长圆形；托叶大部分贴生于叶柄。花集生，极少数为单生；萼片卵形，先端尾状渐尖；花瓣重瓣至半重瓣，红色、粉红色至白色，倒卵形。

生活习性

温度：性喜凉爽、温暖的气候环境，怕高温，适宜的生长温度是 18~28 ℃。

光照：喜日照充足的环境。

水分：土壤不干不浇，浇则浇透。

土壤：喜疏松、肥沃、富含有机质、微酸性、排水性良好的沙壤土。

应用

月季可以做成延绵不断的花篱、花屏、花墙，种植于机关、学校、居民小区、城区广场等地方，不仅能净化空气、美化环境，还能降低周围地区的噪音污染，缓解夏季城市的温室效应；月季也可作切花，用于做花束和各种花篮。除此之外，月季花可提取香精，并可入药，也有较好的抗真菌及协同抗耐药真菌活性。

养护要点

月季初现花蕾时，可挑出 3~5 个形状较好的留下，其余的一律剪除，以免养分供应过于分散，影响开花。冬天可待月季的叶片全部脱落后，对其进行短截，即将花枝 5 厘米以上的部位全部剪除，然后移到 0 ℃以上的环境中过冬。

植株对比

月季的叶为 3 ~ 5 片，叶片宽圆形至卵状长圆形，叶片表面是光滑的，两面近无毛，呈深绿色；蔷薇的叶为 5 ~ 9 片，羽状复叶，叶片表面有细细的柔毛，呈绿色。

别名：月月红、月月花 | 科属：蔷薇科，蔷薇属 | 花期：4 ~ 9 月

野蔷薇 *Rosa multiflora* Thunb.

野蔷薇自古就是佳花名卉。野蔷薇不仅在中国有种植，从九州到北海道，日本各地也都有自生的野蔷薇。明代顾璘曾赋诗："百丈蔷薇枝，缭绕成洞房。密叶翠帷重，秾花红锦张。对著玉局棋，遣此朱夏长。香云落衣袂，一月留余芳。"诗中描绘出一幅青山缭绕、姹紫嫣红的画面。野蔷薇喜生于路旁、田边或丘陵地的灌木丛中，分布于中国华东、中南等地。当花盛开时，择晴天采收，可晒干作药用。

白色花瓣，先端微凹，基部楔形

花序圆锥形，花朵数量多

小叶边缘有尖锐单锯齿，稀混有重锯齿

小枝上有短、粗、稍弯曲的皮束

特征识别

攀缘灌木。小枝圆柱形，通常无毛。小叶 5 ~ 9 片，倒卵形、长圆形或卵形，先端急尖或圆钝，基部近圆形或楔形。花数朵，排成圆锥形花序；萼片披针形，有时中部有 2 片线形裂片；花瓣白色，宽倒卵形。

生活习性

温度： 性强健，耐半阴，耐寒，以20~25 ℃为宜。

光照： 喜光照充足的环境。

水分： 保持土壤湿润。

土壤： 对土壤要求不严，在黏重土中也可正常生长。

应用

野蔷薇疏条纤枝、横斜披展、叶茂花繁、色香四溢，是良好的观花树种，适用于花架、长廊、粉墙、门侧、假山石壁的垂直绿化，对有毒气体的抗性强。

繁殖方式

分分株和扦插繁殖。分株繁殖，春季萌芽前与母株分开，另行栽植。扦插繁殖，春季用硬枝插，夏、秋季用嫩枝插，方法与月季相同。栽培简易粗放。

药用价值

野蔷薇根为收敛药；其花为芳香理气药，治胃痛、胃溃疡；其果实有利尿、通经、消水肿之效。

别名：多花蔷薇、白残花 | 科属：蔷薇科，蔷薇属 | 花期：5 ~ 6 月

曼陀罗 *Datura stramonium* L.

曼陀罗原产于墨西哥，现广泛分布于世界温带至热带地区。中国各地均有分布，常生长于荒地、旱地、宅旁、向阳山坡、林缘、草地。

特征识别

一年生草本或半灌木。高50～150厘米，全株无毛或在幼嫩部分有短柔毛；茎粗壮，呈圆柱形，淡紫色或淡绿色，下部木质化。叶片呈宽卵形或卵形，互生，上部叶对生。花叶腋或枝杈间单生，花梗较短，直立，花冠呈漏斗状，上部颜色为淡紫色或白色，下部颜色带绿色，花萼筒状。蒴果直立，卵状，表面生有坚硬的针刺或无刺、近平滑，成熟后为淡黄色；黑色种子为卵圆形，稍扁。

生活习性

温度：以15～25℃为宜。

光照：喜向阳的环境。

水分：保持土壤湿润。

土壤：以肥沃、疏松的微酸性沙壤土为宜。

应用

曼陀罗可用于庭院、花园栽植等。种子油可制作肥皂和掺油漆用。

小贴士

曼陀罗可供药用，但其有毒，如果不小心中毒，要马上把患者送到医院接受治疗，在具有经验的急诊或毒物科医师的监测及指导下使用解毒剂解毒。

植株对比

曼陀罗果实成熟后与蓖麻相似，要区分两者，可打开果实观察籽——高粱粒大小、形状不规则的小粒是曼陀罗；一整颗果仁为蓖麻。

繁殖方式

播种繁殖一般在4月上旬进行，可以直播，也可以育苗移栽。扦插繁殖在春季或秋季进行。

药用价值

曼陀罗花不仅可用于麻醉，还可用于治疗疾病。其叶、花、籽均可入药，味辛，性温，有大毒。花能祛风湿、止喘、定痛，可治惊痫和寒哮，煎汤洗，治诸风顽痹及寒湿脚气。花瓣的镇痛作用尤佳，可治神经痛等。叶和籽可用于镇咳镇痛。

别名：满达、大喇叭花 | 科属：茄科、曼陀罗属 | 花期：6～10月

荷花 *Nelumbo nucifera* Gaertn.

荷花种类很多，分观赏型和食用型两大类，原产于亚洲热带和温带地区，中国早在周朝就有栽培记载。荷花全身皆宝，莲藕和莲子能食用，莲子、藕节、荷叶、花及种子的胚芽等都可入药。荷花出淤泥而不染之品格恒为世人称颂，“接天莲叶无穷碧，映日荷花别样红”就是对荷花之美的真实写照。荷花“中通外直，不蔓不枝，出淤泥而不染，濯清涟而不妖”的高尚品格，历来为文人墨客歌咏绘画的题材之一。除此之外，荷花还是印度和越南的国花。

花朵直径为10~20厘米

叶表面深绿色，有蜡质白粉，全缘稍有波状

叶柄粗壮，花梗和叶柄等长或稍长

莲蓬顶端平，有多数小孔，每个小孔内有1个果实

根茎白色，中有多条孔洞

特征识别

多年生水生草本。根状茎长而肥厚，有长节。叶盾圆形，表面深绿色，被蜡质白粉覆盖。花单生于花梗顶端，花瓣多数，嵌生在花托穴内，花色有红色、粉红色、白色、紫色等，或有彩纹、镶边。坚果椭圆形，果皮革质，成熟时黑褐色。

生活习性

温度：以15~25℃为宜。

光照：喜温暖，生长期需要全光照的环境。

水分：喜相对稳定的平静浅水、湖沼、泽地、池塘。

土壤：以肥沃、疏松的微酸性土壤为宜。

应用

适用于城市园林中大面积水景布置。小型品种适合碗栽、缸栽或盆栽，可摆放于阳台、窗台或庭园；作切花也别有一番情趣。

植株对比

睡莲的叶子油亮，是漂浮在水面的，很少会挺出水面，形状为椭圆形，并有一个“V”形缺口；荷花的叶子多会挺出水面，叶片呈盾形，无缺口。睡莲花朵有白色、粉色、紫色等，会在早晚开花；荷花的花朵更大一些，颜色为粉红色、白色等，主要在早上开花。

繁殖方式

主要通过播种和分藕的方式繁殖。播种需将种子浸泡至发芽后再移栽；分藕繁殖前先将种藕用清水洗净，以水平20°斜角插入泥中，注意避免尾部进水，入水部分为5~10厘米。

别名：莲花、水芙蓉 | 科属：莲科，莲属 | 花期：6～8月

鉴别

紫重阳

属于中小株型重瓣类红莲型荷花。据资料介绍，此品种是由池栽荷花“艳阳天”1000 多个莲蓬中偶得的 3 颗异样莲子，经重新播种培育而成。

白雪公主

颜色洁白似雪，因此得名白雪公主。重瓣荷花，花蕾多为桃形，颜色有绿色、白色，直径为 12～15 厘米，因为很少结果实，所以基本只作观赏用。

仙女散花

很漂亮的荷花品种，盛开的时候像佛陀的莲座一样，呈飞舞状。仙女散花是重瓣荷花，粉红色花瓣有 27 片左右。

青毛节

青毛节是一种很常见的荷花品种。它的颜色偏向淡淡的青色，养殖莲藕产量高，花色清雅好看，白色花瓣中透着一丝青色，花朵呈杯形，荷叶呈深绿色。

小舞妃

小舞妃是荷花的主要品种之一，荷叶呈圆形，像盾牌一样。花朵十分饱满，花色洁白，尖端晕染有一点淡粉色。这种荷花是单瓣型的，花朵直径为 16～20 厘米，开花数量很多。

红台

红台是荷花中的珍品，它被称为“中山红台”，是一种大型重台荷花品种，花瓣看起来有几十片到上百片之多，花瓣中蕴藏着一朵小花。开花的时候外瓣一层一层谢落，但是内层碎瓣不断增生，十分华贵。

头蕊兰 *Cephalanthera longifolia* (L.) Fritsch

头蕊兰生长于海拔 1000～3300 米的林下、灌丛中、沟边或草丛中。广泛分布于欧洲、中亚、北非至喜马拉雅地区。

特征识别

地生草本。茎直立，下部光滑无毛，上部伞房状花序分枝，被稀疏的短糙毛或无毛。叶片披针形、宽披针形或长圆状披针形。总状花序，有 2～13 朵花；花白色，稍开放或不开放；萼片狭菱状椭圆形或狭椭圆状披针形；花瓣近倒卵形，先端急尖或具短尖。

生活习性

温度：以 15～30 ℃最宜。35 ℃以上则生长不良，5 ℃以下会影响其生长力。

光照：喜半阴的环境，忌阳光直射。

水分：见干见湿，土壤干则浇水。

土壤：喜富含腐殖质和排水性良好的沙壤土。

应用

头蕊兰可用于庭院栽植、盆栽或作切花等。

别名：长叶头蕊兰 | 科属：兰科，头蕊兰属 | 花期：5～6 月

葱兰 *Zephyranthes candida* (Lindl.) Herb.

葱兰原产于南美，分布于温暖地区，中国华中、华东、华南、西南等地均有引种栽培。其带鳞茎的全草是一种民间草药，有平肝、宁心、熄风、镇静的作用。

特征识别

多年生草本。鳞茎卵形，具有明显的颈部。叶狭线形，肥厚，亮绿色。花单生于花茎顶端，下有带褐红色的佛焰苞状总苞；花白色，外侧常带淡红色；花瓣 6 片，顶端钝或有短尖头。

生活习性

温度：生长适温为 15～30 ℃。

光照：喜充足阳光，耐半阴。

水分：见干见湿，土壤干则浇水。

土壤：喜富含腐殖质和排水性良好的沙壤土。

应用

葱兰可布置花坛、花境，丛植于草坪上或片植于分车带或林缘。园林绿化中常与非兰植物混合种植，以提高观赏价值。

别名：白花菖蒲莲、韭菜莲 | 科属：石蒜科，葱莲属 | 花期：7～9 月

牵牛花 *Ipomoea nil* (Linnaens) Roth

牵牛花酷似喇叭状，因此有些地方把它叫作“喇叭花”。牵牛花一般在春天播种，夏、秋季开花，其品种很多，花的颜色有蓝色、绯红色、桃红色、紫色等，亦有混色的，花瓣边缘的变化较多，是常见的观赏植物。它是一种“很勤劳”的花，早上 4 点左右就开花，下午凋谢。牵牛花的适应性较强，喜阳光充足的环境，亦可耐半遮阴，但不耐寒，怕霜冻。

花腋生，花序梗长短不一

叶互生，茎部圆心形，有全缘和裂叶之分

茎有密集的短柔毛及长硬毛

特征识别

一年生缠绕草本。茎上被短柔毛及长硬毛。叶宽卵形或近圆形，深或浅 3 裂，较少 5 裂，基部圆心形，中裂片长圆形或卵圆形。花腋生，单一或通常 2 朵着生于花序梗顶，花序梗长短不一，毛被同茎；萼片披针状线形；花冠为漏斗状，蓝紫色或紫红色，花冠管色淡。蒴果近球形，3 瓣裂；种子卵状三棱形，黑褐色或米黄色，有褐色短茸毛。

养护要点

牵牛花不耐寒，根部需温暖的环境才能生长，要避免直接用冷水浇花，以免降低土壤温度；牵牛花不怕重肥，但氨肥不宜过多，定植后可每隔 15 天施肥 1 次。在主蔓上长出 7~8 片叶子时，应对牵牛花进行摘心；待长出 3 个支蔓后进行第二次摘心；待花苞长成后，应摘去多余的花苞；开花后及时摘去残花败叶。

生活习性

温度：喜温暖环境，以 20 ~ 35 ℃为宜。

光照：喜光照充足的环境。

水分：保持土壤稍湿润。

土壤：喜肥沃、疏松的土壤。

应用

牵牛花可用于庭院、地被栽植或作盆栽等。

植株对比

牵牛花的茎上有柔毛，叶片为卵形或近圆形，叶面也有柔毛；打碗花全株无毛，基部的叶片为长圆形，上部叶片分 3 裂，中裂片为长圆形，侧裂片形状为三角形。牵牛花的花梗长短不一，苞片为线形，萼片为披针状线形，花冠为漏斗状；打碗花的花梗比叶柄长，苞片为宽卵形，萼片为长圆形，花冠为钟状。

药用价值

牵牛花的药用价值较高，作为中药用的主要是牵牛花的种子。黑色的牵牛子叫“黑丑”，米黄色的叫“白丑”。入药多用黑丑，有泻水利尿之功效，主治水肿腹胀、大小便不利等症。

别名：牵牛、喇叭花 | 科属：旋花科，虎掌藤属 | 花期：5 ~ 8 月

昙花 *Epiphyllum oxypetalum* (DC.) Haw.

昙花原产于美洲墨西哥至巴西的热带沙漠中。那里的气候又干又热，但到晚上就凉快多了。晚上开花，可以避开强烈的阳光暴晒，不仅可以缩短开花时间，又可以大大减少水分的损失，有利于它的生存。于是天长日久，昙花在夜间短时间开花的特性就逐渐形成，代代相传。因此，昙花享有“月下美人”之誉。当昙花渐渐展开后，过 1~2 小时又慢慢地枯萎了，整个过程仅 4 小时左右，故有“昙花一现”之说。昙花既是美味佳肴，又可以入药，它的嫩茎全年可采摘，花则干品或鲜品均可食用。

漏斗状的花生长于枝顶

叶边缘呈波状，中肋粗大

特征识别

附生肉质灌木。植株高 2~6 米；分枝较多，侧扁叶状，披针形至长圆状披针形，边缘波状或有深圆齿，深绿色。花单生于枝侧，漏斗状，夜间开放，芳香；瓣状花被片白色，倒卵状披针形至倒卵形。

生活习性

温度：以 15~25 ℃为宜。

光照：喜温暖、湿润的半阴环境。

水分：生长期保持土壤湿润。

土壤：宜用富含腐殖质、排水性能好、疏松、肥沃的微酸性砂质土。

应用

盆栽昙花置于阳台、露台、庭院、窗口等处，但最好不要放在卧室。

小贴士

昙花属喜阴植物，盆栽昙花夏季可放置于树荫或屋檐下，但要避开雨水冲滴，以免引起植株露根倾倒，影响生长。冬季需搬入室内越冬。

花期控制

为了改变昙花夜晚开花的习性，可采用“昼夜颠倒”的办法，使昙花白天开放。当昙花花蕾膨大时，白天把昙花移到黑暗的暗室或用黑色塑料薄膜做成遮光黑罩子罩住，不要有一点透光，而晚上从 8 点到次日凌晨 6 点，则用灯光照射。这样处理 7~8 天，昙花就可按照人们的意愿在白天开放。

养护要点

昙花喜肥，适当施肥可使花朵累累。生长期每个月追施 1~2 次肥，以腐熟的饼液肥、粪肥液并加硫酸亚铁效果更好，也可用尿素、过磷酸钙的混合液浇灌。冬季停止施肥。孕蕾期要及时去掉变态茎上的新芽，以使养分集中到花蕾；花后及时修剪，去掉老的枝条，并适当施 1~2 次氨肥。

药用价值

昙花具有通便排毒、清热止喘的功效，主治大肠热症、便秘便血、疮肿、肺炎、痰中有血丝、哮喘等症。

别名：昙华、鬼仔花、月下美人 | 科属：仙人掌科，昙花属 | 花期：6 ~ 7 月

观果植物

圣女果 *Solanum lycopersicum* L.

圣女果在中国大部分地区多作为蔬果栽培，是大人小孩都非常喜爱的一种兼作蔬菜和水果的作物。圣女果在国外有“小金果”“爱情果”之称，又因它远远看上去像一颗颗樱桃，故得名“樱桃番茄”。圣女果是阳台菜园中比较常见的蔬菜，栽培时推荐选用生产期长、产量高、耐热及耐湿性强的“新圣女”品种。

叶缺刻深，裂片长，先端渐尖

茎直立，粗壮

特征识别

一年生草本。根系发达，侧根发生多。有茎蔓自封顶的，品种少；有无限生长的，株高 2 米以上。奇数羽状复叶，小叶多而细。有红色、黄色、绿色等果色，果实以圆球形为主，还有洋梨形、醋栗形。

圆球形果实

生活习性

温度：喜温暖环境，以 20~28 ℃为宜。

光照：喜阳光充足的环境。

水分：保持土壤湿润。

土壤：喜肥沃、疏松、排水性良好的沙壤土。

应用

圣女果可用于庭院栽植或作盆栽，其果实不仅能当蔬菜食用，还能当作水果吃。

养护要点

当幼苗的叶子颜色不佳，而且有打卷的趋势时，就说明圣女果需要营养了，应该及时进行施肥。如果幼苗的叶子总是往下坠，而且叶子的生长密度过于紧凑时，就说明圣女果的营养过剩了，要适当减少施肥量。开过花后，植株分枝中间可能会长出新芽，一定要摘掉。如果开了很多花，就要将顶部的小枝剪断，这样可以阻止枝干的生长，营养成分才足以供给果实。

营养价值

圣女果含有糖分、蛋白质、矿物质、果胶，还有胡萝卜素、维生素 B_1、维生素 B_2、番茄红素等，具有生津止渴、健胃消食、清热解毒、凉血平肝、补血养血和增进食欲等功效。

别名：樱桃番茄、小西红柿、小金果、贞女果、爱情果 | 科属：茄科、茄属 | 果期：6 ~ 8 月

花红 *Malus asiatica* Nakai

花红主产于中国内蒙古、辽宁、河北、河南、山东、山西、陕西、甘肃、湖北、四川、贵州、云南、新疆等地，适宜生长于山坡阳处、平原砂地。花红春花灿烂如霞，夏末秋初果色或橙黄或脂红，让人赏心悦目。树型较小，适宜栽植于庭院各处。与竹子、桂花等中国传统的常绿花木相结合组景，有疏透适度、浓淡相宜之美。

老枝暗紫褐色，无毛或嫩时常被柔毛

叶缘有浅细的锐锯齿

果实直径为 4~5 厘米，梗洼较深

特征识别

小乔木。小枝粗壮，圆柱形，嫩枝密被柔毛，老枝暗紫褐色。叶片卵形或椭圆形。伞房状花序，有花 4~7 朵；萼筒钟状；萼片三角披针形；花瓣倒卵形或长圆状倒卵形，淡粉色；果实卵形或近球形，黄色或红色。

生活习性

温度：喜温暖环境，以 15~20 ℃为宜。

光照：喜阳光充足的环境。

水分：土壤干则浇水。

土壤：耐旱，土壤深厚适宜即可。

应用

花红可用于庭院、种植园栽植或作盆栽等。果实肉脆汁多、甘甜可口，可鲜食，由于不耐储运，常加工成果干、果脯、果丹皮等；也可酿酒、制花红果醋。树皮和根入药用，有补血强身的功效。

营养价值

花红果实含有丰富的维生素，能促进唾液的分泌，可以减少干渴症状的发生。此外，还能消除积食、调节情

果实黄色或红色

绪，对焦燥和烦闷也有一定的缓解作用。

小贴士

糖尿病患者忌食；血栓闭塞性脉管炎、痛风、痈疖疔疮之人也要忌食。

别名：小苹果、沙果、林檎 | 科属：蔷薇科，苹果属 | 果期：8 ~ 9 月

洋蒲桃 *Syzygium samarangense* (Blume) Merr. et Perry

洋蒲桃原产于马来西亚及印度，中国广东、台湾及广西有栽培。洋蒲桃被誉为“水果皇帝”，畅销于水果市场，深受消费者的青睐。其果实像一个挂着的铃铛，放在地上又像一个莲台，所以又被称为“莲雾”。洋蒲桃的树冠广阔，四季常青，花期绿叶白花，果期绿叶红果，为滨海地区美丽的观果树种和风景树，是著名的热带水果。台湾的黑珍珠莲雾更是其中的精品。

肉质浆果成串聚生，圆锥形或梨形

叶背面被腺点，叶柄长3~4毫米或近无柄

特征识别

多年生常绿乔木。嫩枝压扁状；叶片薄革质，椭圆形至长圆形。聚伞状花序顶生或腋生，有花数朵；花白色；萼管倒圆锥形，萼齿4枚，半圆形。果实呈梨形或圆锥形，肉质，洋红色，发亮，顶部凹陷。

果实外皮发亮，顶部凹陷

生活习性

温度： 喜温暖环境，以25~30 ℃为宜。

光照： 喜阳光充足的环境。

水分： 保持土壤稍干燥。

土壤： 喜土层深厚、肥沃、湿润的微酸性或中性土壤。

应用

洋蒲桃树形秀美，可用于园林绿化，其葱茏的树木、青绿的枝叶、丰硕的果实，已经成为美化环境的亮丽风景线。

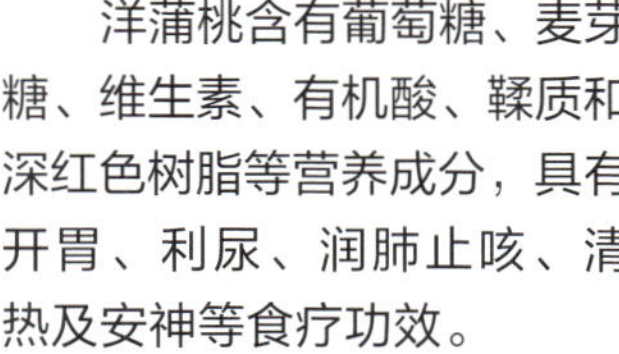

营养价值

洋蒲桃含有葡萄糖、麦芽糖、维生素、有机酸、鞣质和深红色树脂等营养成分，具有开胃、利尿、润肺止咳、清热及安神等食疗功效。

小贴士

糖尿病患者和便秘者不宜多吃。脾胃虚寒者不宜多食，多食会引起泄泻。洋蒲桃不耐储藏，一般室温下只能储存1周，因此购买之后要尽早食用。

药用价值

洋蒲桃具有生津止渴、止咳化痰、清热解毒的功效。生食鲜果，对慢性咳嗽和哮喘有辅助治疗效果；干果研末，以肉汤送服，还可辅助治疗寒性哮喘和过敏性哮喘。

白色花朵，雄蕊极多，长约1.5厘米

别名：莲雾、天桃 | 科属：桃金娘科，蒲桃属 | 果期：5～6月

椰子 *Cocos nucifera* L.

椰子原产于亚洲东南部、印度尼西亚到太平洋群岛，主要分布在亚洲、非洲和拉丁美洲，数量最多的是赤道沿海地区；主要产地是菲律宾、印度、马来西亚、斯里兰卡等国家。椰子是一种重要的热带木本油料作物，具有很高的经济价值，全株的每个部分都有不同用途。

叶簇生于茎顶，向外折叠

果实通常会长 5~6 串

茎干基部明显膨大，至老时常倾斜

花呈佛焰苞纺锤形，厚木质，老时脱落

特征识别

乔木。茎粗壮，有环状叶痕。叶羽状全裂，裂片多数，革质，线状披针形。花序腋生，多分枝；花瓣 3 片，卵状长圆形；萼片阔圆形。果实卵球状或近球形，顶端微具 3 棱，外果皮薄，内果皮木质。

生活习性

温度：喜高温环境，以 22~30 ℃为宜。

光照：喜阳光充足的环境。

果腔含有果肉、胚和汁液

水分：保持土壤湿润。

土壤：喜陆地上的冲积土和河堤上的冲积土。

应用

椰子的未熟胚乳（果肉）可作为热带水果食用；椰汁是一种可口的清凉饮料；成熟的椰肉含脂肪达 70%，可榨油，还可加工成各种糖果、糕点；椰壳可制成各种器皿和工艺品，也可用于制活性炭；椰纤维可制毛刷、地毯、缆绳等；树干可作建筑材料；叶子可盖屋顶或编织；根可入药；椰汁除饮用外，因含有生长物质，是组织培养的良好促进剂。

此外，椰子树型优美，是热带地区绿化、美化环境的优良树种。

药用价值

椰子果肉具有补虚强壮、益气祛风、消疳杀虫的功效，久食能令人面部润泽，益人气力及耐受饥饿，治小儿绦虫病、姜片虫病；椰汁具有滋补、清暑解渴的功效，主治暑热类口渴、津液不足之口渴；椰子壳油可治癣、疗杨梅疮。

别名：越王头、椰瓢、大椰 | 科属：棕榈科、椰子属 | 果期：7 ~ 8 月

枸骨 *Ilex cornuta* Lindl. & Paxton

枸骨叶形奇特，碧绿光亮，四季常青，入秋后红果满枝，经冬不凋，艳丽可爱，是优良的观叶、观果树种。在欧美国家，枸骨常用于圣诞节的装饰，故也称“圣诞树”。枸骨产于中国江苏、上海、安徽、浙江、江西、湖北、湖南等地区，云南昆明等城市庭园有栽培。欧美一些国家植物园等也有栽培。枸骨的种子含油，可作肥皂原料；树皮可作染料和提取栲胶，木材软韧，可用作牛鼻栓。

特征识别

常绿灌木或小乔木。叶片厚革质，四角状长圆形或卵形，叶面深绿色，背面淡绿色。花序簇生于二年生枝的叶腋内，基部宿存鳞片近圆形；花淡黄色，花瓣长圆状卵形。果实球形，直径 8~10 毫米，成熟时鲜红色，基部具四角形宿存花萼，顶端宿存柱头盘状，明显 4 裂；果梗长 8~14 毫米，分核 4 颗，轮廓倒卵形或椭圆形，长 7~8 毫米，背部宽约 5 毫米，遍布皱纹和皱纹状纹孔，背部中央具 1 条纵沟，内果皮骨质。

生活习性

温度：较耐寒，中国长江流域可露地越冬，能耐 −5 ℃的短暂低温，以 15 ~ 25 ℃为宜。

光照：全日照或半日照。

水分：耐干旱，但仍需保持土壤湿润。

土壤：喜肥沃的酸性土壤，不耐盐碱。

应用

枸骨可在庭院作绿篱栽培；也可盆栽，陈设于厅堂，放在几架上，因有刺，勿让儿童触摸，以免受伤。

病虫害防治

枸骨病虫害很少，有时枝干会因生木虱而引起煤污病，可在梅雨季节前的 4~5 月，每 10 天喷洒 1 次波尔多液或石硫合剂；或于早春喷洒 50% 乐果乳油剂的 2000 倍液，毒杀越冬木虱，每周 1 次，连续 3 次即可防治木虱的危害。发生蚧壳虫危害时，用砷酸铅喷杀即可。

别名：老虎刺、八角刺、圣诞树、鸟不宿 | 科属：冬青科，冬青属 | 果期：8 ~ 9 月

桑树 *Morus alba* L.

桑树原产于中国中部，有约 4000 年的栽培历史，栽培范围广泛，东北自哈尔滨以南，西北从内蒙古南部至新疆、青海、甘肃、陕西，南至广东、广西，西至四川、云南，以长江中下游各地栽培最多。垂直分布，大都在海拔 1200 米以下。桑葚是桑树的成熟果实，为桑科植物桑树的果穗。农人喜欢取其成熟的鲜果食用，味甜汁多，是人们常食的水果之一。桑葚很早之前被称为“民间圣果”，早在 2000 多年前，就被摆上皇帝的餐桌，成为御用补品。

叶表面鲜绿色，无毛，背面沿脉有疏毛

叶柄有短柔毛

树皮厚，灰色

特征识别

树皮呈灰色，有不规则浅纵裂。单叶互生，卵形或广卵形，先端急尖、渐尖或圆钝，基部圆形至浅心形，边缘锯齿粗钝，偶呈各种分裂状；有叶柄；叶托为披针形，早落。花单性，腋生或生于芽鳞腋内，与叶同时生出；花序下垂，密被白色柔毛；花被片宽椭圆形，淡绿色。聚花果卵状椭圆形，初时为绿色，成熟后则变为红色或暗紫色。

生活习性

温度： 喜温暖环境，以 4~30 ℃为宜。

光照： 喜阳光充足的环境。

水分： 保持土壤湿润。

土壤： 适宜在弱酸性土壤中生长。

应用

桑树可用于庭院、果园栽植等，其果实可供食用。桑树的叶子是家蚕的主要饲料，家蚕吐出的蚕丝是纺织业的上等原料。

营养价值

桑葚的主要营养成分有水分、糖分、蛋白质、膳食纤维、游离酸、可溶性无氮物等。此外，桑葚还含有人体必需的氨基酸及易于吸收的多糖、丰富的维生素、红色素及人体需要的钙、铁、锌、硒等矿物质，具有增强免疫力、促进造血细胞生长、促进新陈代谢等作用。

繁殖方式

桑树常以播种、嫁接、压条的方式进行繁殖。播种繁殖比较常见，在春、夏、秋三季均可；嫁接繁殖在春、夏两季；压条繁殖需在早春。

别名：家桑、白桑、民间圣果 | 科属：桑科，桑属 | 果期：5 ~ 8 月

山莓 *Rubus corchorifolius* L.f.

山莓多生在向阳山坡、山谷、荒地、溪边和疏密灌丛中潮湿处，尚未有人工引种栽培。山莓是灌木型果树，生态经济型水土保持灌木树种，在欧美一些国家早已广泛栽培，并形成产业化发展；引入中国后也得到快速发展，在很多地区都得到广泛种植。因其具有很好的营养价值、药用价值和食用价值，所以经济效益较好。

叶正面色较浅，背面色稍深

红色的近球形或卵球形果实

嫩枝上有柔毛

花瓣白色，顶端圆钝

特征识别

直立灌木。枝有皮刺，幼时被柔毛。单叶，卵形至卵状披针形。花单生或少数生于短枝上；萼片卵形或三角状卵形；花瓣长圆形或椭圆形，白色。果实由很多小核果组成，近球形或卵球形，红色，密被细柔毛。

生活习性

温度： 适应性强，耐热耐寒，但夏暑应避免烈日暴晒，高温会出现休眠，在冬季气温低于 5 ℃时落叶休眠。

光照： 喜阳光充足的环境。

水分： 不要一次性浇太多水，应少量多次，忌涝。

土壤： 喜土层深厚、富含腐殖质的沙壤土。

果实直径为 1~1.2 厘米，密被细柔毛

应用

山莓可种植于庭院、林缘、道旁、草坪、山坡等地。其果实味道甜美、营养丰富，可生食、制作果酱及酿酒；果、根及叶可入药，有活血、解毒、消肿止血之效；根皮、茎皮、叶可提取栲胶。

食用价值

果味甜美，富含糖、苹果酸、柠檬酸及维生素 C 等，其所含的营养成分易被人体吸收，可促进人体对其他营养物质的吸收，具有改善新陈代谢、增强抵抗力的作用。

别名：树莓、牛奶泡、刺葫芦 | 科属：蔷薇科，悬钩子属 | 果期：6 ~ 7 月

枇杷 *Eriobotrya japonica* (Thunb.) Lindl.

枇杷原产于中国，甘肃、陕西、河南、江苏、安徽、浙江、江西、湖北、湖南、四川、云南、贵州、广西、广东、福建、台湾等地广泛栽培，四川、湖北有野生；日本、印度、越南、缅甸、泰国、印度尼西亚也有栽培。枇杷具有生长快、结果早的特性，嫁接 3 ~ 4 年开始结果，10 年后进入盛果期，20~40 年产量最高，以后逐年下降，70~100 年后进入衰老期。

黄色的果实

叶片边缘有疏锯齿，上表面有光泽，下表面密被茸毛

粗壮的小枝，上有锈色或灰棕色的茸毛

花瓣基部有锈色茸毛

褐色的果核，表皮光亮

特征识别

常绿小乔木。小枝粗壮，黄褐色。叶片革质，披针形、倒披针形、倒卵形或长椭圆形。圆锥形花序顶生，花多；萼筒浅杯状，萼片三角卵形；花瓣白色，长圆形或卵形。果实球形或长圆形，直径为 2~5 厘米，黄色或橘黄色，外有锈色柔毛，不久脱落；种子球形或扁球形，直径为 1~1.5 厘米，褐色，光亮，种皮纸质。

生活习性

温度： 适宜温暖、湿润的气候，在生长发育过程中要求较高温度，冬季不宜低于 −5 ℃，花期及幼果期不宜低于 0 ℃，以 12 ~ 28 ℃为宜。

光照： 喜阳光充足的环境。

水分： 生长期保持土壤湿润。

土壤： 喜深厚、疏松、含腐殖质多、保水保肥力强而又不易积水的沙壤土。

小贴士

糖尿病患者忌食枇杷。枇杷仁含氢氰酸，有毒，所以吃枇杷时忌食枇杷仁。尚未成熟的枇杷也忌食。

应用

枇杷可用于庭院、公园、果园栽植或作盆栽等。其果实不仅可鲜食，还可制成罐头、蜜饯、果膏、果酒及饮料等，具有润肺、止咳、健胃、清热的功效；叶晒干去毛，可供药用，有化痰止咳、和胃降气之效；木材红棕色，可做成木梳、手杖、农具柄等。

别名：芦橘、金丸、芦枝 | 科属：蔷薇科，枇杷属 | 果期：5 ~ 6 月

第 三 章

秋季常见观赏植物

秋天从 8 月中旬开始，到 11 月中旬结束，万物开始从繁茂生长趋向丰硕成熟，这是收获的季节。很多植物在秋季硕果累累，大量观果植物开始走进人们的视野。

在秋天，植物们带着硕果向我们展示它们的成绩。

观花植物

假龙头花 *Physostegia virginiana* (L.) Benth.

假龙头花原产于北美东部，花朵呈穗状，一朵一朵向上生长，迎着太阳开放，所以到了盛夏的时候花朵开放，花穗迎风摇曳，优美多姿，有“事业兴旺”的寓意。另外，假龙头花开花的时候一点都不招摇，花朵只是静静地开放，默默无闻，所以还有“谦虚低调”的寓意。

特征识别

多年生宿根草本。茎丛生而直立，四棱形。单叶对生，披针形，亮绿色，边缘有锯齿。穗状花序顶生，花茎上无叶，苞片极小，花萼筒状钟形，有三角形锐齿；每轮有花 2 朵，唇瓣短，花淡紫红色。

生活习性

温度：假龙头花喜欢温暖、阳光充足的环境，较耐寒，可以耐轻霜冻，耐肥，适应能力强，生长适温为 5~25 ℃。

光照：假龙头花喜欢光照，所以在其生长期间，需要给予充足的阳光。如果种植环境光照不足，容易使假龙头花植株徒长，影响其观赏性。

水分：在夏季高温季节，要注意及时浇水，保持土壤湿润。

土壤：喜疏松肥沃、排水性良好的沙壤土。

应用

假龙头花茎丛生而直立，四棱形，花序长而大，可作为鲜切花用于花艺设计；叶秀花艳，宜布置花境、花坛背景或在野趣园中丛植。花期长，是很好的观花植物。

小贴士

假龙头花花朵中的色素可以提炼做成指甲油，涂抹在指甲上，颜色自然清新。在中国古代的时候，早已有用腐蚀性比较强的凤仙花汁水涂抹指甲的记载。

养护要点

株丛生长旺盛，生长期应有充足的水、肥供应，但要控制氮肥的使用量。如遇夏季干旱，尤应注意浇水，否则可致生长不良，且叶片易脱落。苗高 15 厘米时进行摘心，促使分枝。抽出花序时，增施磷钾肥 12 次。待 30% 的花朵初开时即可剪采。冬季休眠期，保持盆土干燥。换盆可视生长情况并结合分株进行。

繁殖方式

主要有分枝繁殖和播种繁殖。每 2~3 年分株 1 次，于早春或花后进行，土壤中残留根段，亦易萌发。播种繁殖以春播为主，发芽适温为 18~24 ℃，播后 14~21 天发芽，种子发芽力强。

别名：囊萼花、棉铃花、芝麻花 | 科属：唇形科，假龙头花属 | 花期：7 ~ 9 月

补血草 *Limonium sinense* (Girard) Kuntze

补血草是民间草药的一种，有收敛、止血、利水的作用。补血草属有近 20 种可作观赏用，因其花朵细小、干膜质、色彩淡雅、观赏期长，与满天星一样，是重要的配花材料。除作鲜切花外，还可制成自然干花，用途更广泛。

漏斗状花萼

花序由 2 ~ 6 个小穗组成，每个小穗含 2 ~ 3 朵花

特征识别

多年生草本。全株（除萼外）无毛；叶基生，淡绿色或灰绿色，倒卵状长圆形、长圆状披针形至披针形。花集合成短而密的小穗，集生于花轴分枝顶端；花序伞房状或圆锥形；外苞片卵形；花萼漏斗状。

生活习性

温度：在高温下栽培不开花，或者开花受到明显抑制；若在夜温 16 ℃以下栽培，则开花良好；如在幼苗期已接受低温处理，则以后即使处于高温环境也能开花。

光照：喜阳光充足的环境，也耐半阴。

水分：每 3~5 天浇水 1 次。

土壤：以疏松、肥沃的微酸性沙壤土为宜。

应用

补血草可用作药材或作鲜切花等。

小贴士

随着生境盐分和气候条件的差异，植株形态有所变化。花序轴可由细弱、下部偃卧、四棱形的变成粗壮、直立而具深沟棱的；小穗开花多少、叶的形状大小等也有一定程度的变化。

花序轴具棱角或沟棱，末级小枝二棱形

植株对比

补血草与勿忘我相似，但也有着很大的不同。补血草的高度为 15~60 厘米，除了萼片，整个植株都没有毛；勿忘我的高度为 20~45 厘米，茎直立生长，有分枝，分枝上有稀疏的毛或卷毛。补血草的叶子为倒卵状长圆形、长圆状披针形至披针形，呈莲座式排列；勿忘我的叶片呈倒卵状匙形。补血草的花序为伞状或圆锥形，花冠为黄色，花瓣为蓝紫色；勿忘我的花序为轮生聚伞花序，每轮有花 5~8 朵，花冠为蓝色。

切花保鲜

补血草花朵细小，干膜质，其花、茎含水量低。通常花盛开，能充分显现其色彩特征时即可采切。采切后成束捆扎，装箱上市。或者在空气湿度 40%~50% 的环境下，捆扎后倒悬在铁丝上，自然晾干，作为自然干花品种上市。注意避光，以免花色减退。

别名：盐云草、海蔓荆 | 科属：白花丹科，补血草属 | 花期：北方 7 ~ 11 月，南方 4 ~ 12 月

石斛 *Dendrobium nobile* Lindl.

说起石斛，我们并不陌生，尤其是对它的药性最为熟悉，石斛对人体有清解虚热、益精强阴等功效。随着花卉产业的兴起，石斛也成了一种观赏植物。石斛是兰科中的大族，它有 1000 多种原生种，有着各式各样的植物体和花型。分布在亚洲大部分的地区，是一种生性强健的附生性兰花。

特征识别

多年生草本，附生，常附生于树上或岩石上。假鳞茎丛生，圆柱形或稍扁，直立或下垂，少分枝，具节。叶近革质，互生，叶片长圆形。花序着生于二年生假鳞茎上部的节上；花有 10 朵左右，总状花序直立或下垂，花大且艳丽；花色有白色、黄色、浅玫红色红紫色等，许多种类具芳香。栽培品种有春石斛、秋石斛之分，前者花期集中在春季，后者花期集中在秋季。

生活习性

温度：喜温暖、湿润和半阴环境，不耐寒，生长适温为 18～30 ℃。

光照：喜光，夏秋以遮光 50%、冬春以遮光 30% 为宜。

水分：忌干燥，怕积水，在新芽开始萌发至新根形成时需充足水分，但若过于潮湿，遇低温很容易引起腐烂。

土壤：喜排水性好、透气的碎蕨根、水苔、木炭屑、碎瓦片、珍珠岩等，以碎蕨根和水苔为主的土壤较佳。

应用

石斛可用于园林栽植；常作为盆栽，供室内观赏，用于桌饰、吊挂；花期长，也为良好的切花材料。

药用价值

石斛药用历史悠久，药用成分既丰富又均衡，能治疗多种疾病，在临床上多用于慢性咽炎、胃肠疾病、眼科疾病、血栓闭塞性疾病、糖尿病、关节炎、癌症的治疗或辅助治疗。产于浙江省雁荡山的老雁山铁皮石斛是石斛中的极品，胶质饱满、久嚼无渣、个头沉实、药效最佳。但是老雁山铁皮石斛生长环境苛刻，产量稀少。

植株对比

石斛附生在树干上，花朵主要以白色及红紫色为主；蝴蝶兰叶片稍肉质，椭圆形、长圆形、镰刀状长圆形，花朵侧生于茎基部。

繁殖方式

多用分株法和组织培养法繁殖。分株多在秋季进行，用刀将成年植株分割成每丛带有 2~4 个老枝的植株，在阴凉处晾 1 天之后即可定植。

别名：林兰、禁生、杜兰、金钗花、千年润、黄草、吊兰花 | 科属：兰科、石斛属 | 花期：7～9 月

鉴别

秋石斛

常绿附生草本。假球茎呈圆筒形，丛生，呈肉质实心，基部由灰色或褐色叶鞘包被，上部的茎节处着生数对船形叶片。花茎由顶部叶腋抽出，每茎可着花 4~18 朵，花色繁多；上萼片椭圆形，先端钝。

束花石斛

茎粗厚，肉质，下垂或弯垂，圆柱形，不分枝，有多节。叶纸质，2 列，互生于整个茎上，长圆状披针形。伞状花序，近无花序柄，每 2~6 朵花为 1 束，侧生于茎上部；花黄色，质地厚。

报春石斛

茎圆柱形。叶纸质，2 列，披针形或卵状披针形，基部有纸质或膜质的叶鞘。总状花序，有 1~3 朵花；花开展，萼片和花瓣均为淡玫瑰色；花瓣狭长圆形；唇瓣淡黄色，宽倒卵形。

红花石斛

茎直立或悬垂，圆柱形或稍呈纺锤形，不分枝。叶薄革质，披针形或卵状披针形。总状花序，呈簇生状，密生花 6~10 朵；苞片卵状披针形；花为鲜红色，花瓣斜倒卵状长圆形。

大苞鞘石斛

茎斜立或下垂，肉质，肥厚，圆柱形，不分枝，有多节，节间肿胀，呈棒状。叶薄革质，2 列，狭长圆形。总状花序从落了叶的老茎中部以上部分发出，有花 1~3 朵。

玉簪 *Hosta plantaginea* (Lam.) Aschers.

玉簪叶娇莹，花苞似簪，色白如玉，清香宜人，是中国古典庭园中的重要花卉之一。现代庭园，多培植于林下草地、岩石园或建筑物背面，正是“玉簪香好在，墙角几枝开”，也可三两成丛地点缀于花园中。因玉簪花夜间开放，芳香浓郁，是夜花园中不可缺少的花卉。

花被筒下部细小

花葶从叶丛中抽出

叶根生，叶柄长 20 ~ 40 厘米

特征识别

多年生宿根草本。根状茎粗大，白色。叶基生，大型，叶片卵形至心形，有长柄，有多数平行叶脉。花葶高 40~80 厘米，花单生或 2~3 朵簇生，花梗长约 1 厘米；顶生总状花序，花白色，漏斗状，有浓香。因其花苞质地娇莹如玉，状似头簪而得名。

生活习性

温度：能够耐 2~3 ℃的低温。冬季温度维持在 5 ℃以上为宜，其他时间温度在 20 ℃左右为宜。

光照：典型的阴性植物，喜阴湿环境，受强光照射则叶片变黄，生长不良。

水分：保持土壤湿润，夏季多浇水。

土壤：喜肥沃、湿润的沙壤土。

应用

玉簪是较好的阴生植物，在园林中常种植于树下作地被植物，也可作盆栽观赏或作切花用。玉簪全草可供药用，亦可供蔬食或作甜菜，但须去掉雄蕊。

小贴士

玉簪对氟化物有监测功能，空气中氟化物浓度高时，玉簪的叶尖、叶缘会出现红棕色至黄褐色的坏死斑，叶片受害组织与正常组织之间常形成一条暗色的带，未成熟叶片易受损害，枝梢常枯死。玉簪全株有毒，可损伤牙齿而致牙齿脱落，使用时要小心。

病虫害防治

玉簪在夏季应该注意防治蜗牛和蛞蝓的危害。当玉簪发生虫害的时候，需要及时使用喷洒药剂进行治疗。

植株对比

玉簪和紫萼看上去极为相似。玉簪植株较矮，花白色，呈蜡状；紫萼植株相对较高，花淡紫色。

别名：玉春棒、白鹤花、玉泡花、白玉簪 | 科属：天门冬科，玉簪属 | 花期：8 ~ 9 月

薄荷 *Mentha canadensis* Linnaeus

薄荷虽然是一种平淡的花，但它的味道沁人心脾，仿佛渗进人体肌肤的每一个毛孔。薄荷具有药用和食用双重功能，主要食用部位为茎和叶，也可榨汁服。在食用上，薄荷既可作为调味剂，又可作香料，还可配酒、冲茶等。薄荷广泛分布于北半球的温带地区，中国各地均有分布。

叶两面沿脉密生微毛或具腺点

茎直立，稀平卧，具槽，上部被倒向微柔毛

花小，但数量多

叶片边缘有齿状锯齿，上面是绿色的

特征识别

多年生草本。茎直立，锐四棱形，有 4 槽，上部被微柔毛。叶片椭圆形或卵状披针形，边缘在基部以上疏生粗大的齿状锯齿，上面绿色。轮伞花序腋生，花小，淡紫色，唇形；花后结暗紫棕色的小粒果。

生活习性

温度：薄荷对温度适应能力较强，其根茎宿存越冬，能耐 −15 ℃低温，其生长适宜温度为 25~30 ℃。

光照：性喜阳光，日照时间长，可促进薄荷开花。

水分：生长期每 15 天浇水 1 次。

土壤：以沙壤土、冲积土为好。土壤酸碱度以 pH 值在 6~7.5 为宜。

应用

薄荷可用于园林种植、盆栽等。作盆栽，摆放在室内客厅、书房、阳台等处，可提神理气。薄荷叶表面分布油腺，里面含有薄荷油，提炼出的薄荷油和薄荷脑常被用于制作牙膏、口香糖、清凉饮料等。

小贴士

薄荷含有薄荷醇，该物质可清新口气并具有多种药性，可缓解腹痛，还具有防腐杀菌、利尿、化痰、健胃和助消化等功效。大量食用薄荷，可导致失眠，但小剂量食用则有助于睡眠。

繁殖方式

常采用根茎繁殖或分株无性繁殖。根茎繁殖，北方于春季，南方于春季或秋、冬季种植；挖出根系，选色白且粗壮的根状茎，切成小段进行种植。分株繁殖，选择植株健壮的秧苗，长至 15 厘米左右时，挖起秧苗带根移栽；栽种后覆土压实，灌水保湿。

采收与加工

薄荷收割的时间应选晴天，从早上露水晒干后开始收割，一直进行至下午 3 点左右，割下的薄荷应平铺于田间，隔一天再加工，最好晒至大半干。薄荷精油的提取最好用回水蒸馏法。

别名：野薄荷、夜息香、升阳菜 | 科属：唇形科，薄荷属 | 花期：7 ~ 10 月

凤仙花 *Impatiens balsamina* L.

据古花谱载，凤仙花原有 200 多个品种，不少品种现已失传。因凤仙善变异，经人工栽培选择，已产生一些新品种，如五色当头凤，花生于茎之顶端，花大而色艳，还有十样锦等。根据花型不同，又可分为蔷薇型、山茶型、石竹型等。凤仙花花形美丽，花色有粉红色、大红色、紫色、白黄色、洒金等，有时同一株上能开出数种不同颜色的花。

翼瓣宽大，有短柄

叶先端尖或渐尖，基部楔形

无总花梗，花色多样

茎直立，下部节常膨大

叶片边缘有锐锯齿

特征识别

一年生草本。直立、粗壮的肉质茎，分枝较少，无毛或幼时上有稀疏柔毛，有多数纤维状根。叶互生，最下部的叶有时对生；叶片为先端尖、边缘有锐锯齿的披针形、狭椭圆形或倒披针形。花单生或 2~3 朵簇生于叶腋，花分为单瓣或重瓣，花色多样；唇瓣深舟状；旗瓣为圆形的兜状，先端微凹；花丝线形；花药为顶端钝的卵球形。宽纺锤形的蒴果，两端尖，密被柔毛；种子多数，球形，黑色，状似桃形，成熟时外壳自行爆裂，将种子弹出。

蒴果宽纺锤形，密被柔毛，内有球形种子多数

生活习性

温度： 喜温暖、湿润的环境，忌炎热，生长适温为 15~25 ℃。

光照： 喜光照充足的环境。

水分： 保持土壤湿润。

土壤： 以疏松肥沃、排水性良好的沙壤土为宜。

应用

凤仙花的花色、品种非常丰富，是美化花坛、花境的常用材料，可丛植、群植和盆栽，也可作切花水养。

别名：指甲花、金凤花、女儿花 | 科属：凤仙花科，凤仙花属 | 花期：8 ~ 10 月

小贴士

凤仙花花色浓艳，其中的色素可以用来染指甲，所以它又叫“指甲花”。但是，要用凤仙花染指甲，光是摘下花朵往指甲上硬抹，是染不上多少颜色的。需要准备一点明矾，先把明矾和凤仙花放在研钵里一起研磨，然后往指甲上涂，这样才更容易上色。

养护要点

不要在通风差的条件下经常给凤仙花浇水。凤仙花在多湿且通风不畅的环境里，会使白粉病迅速蔓延，导致植株死亡。所以一定要注意通风，避免其长时间处于过湿环境中。植株长到 20~30 厘米时要摘心；定植后，对植株主茎要掐顶，增强其分枝能力，使株型丰满、开花茂盛。

繁殖方式

凤仙花采用播种法繁殖。3~9 月都可进行播种，以 4 月最为适宜，这样 6 月中上旬即可开花，花期可维持 2 个多月。播种前，将苗床浇透水，使其保持湿润，凤仙花的种子比较小，播后不能立即浇水，以免把种子冲掉。要盖上 3~4 毫米厚的一层薄土，注意遮阴，约 10 天后即可出苗。当小苗长出 2~3 片叶时就可以上盆养护。

鉴别

非洲凤仙

多年生肉质草本。茎粗壮，直立，绿色或淡红色。叶互生，阔或狭披针形。花单生或 2~3 朵簇生于叶腋，无总花梗；花形似蝴蝶，花色有白色、粉红色或紫色等。

新几内亚凤仙

多年生常绿草本。茎肉质，光滑，分枝多，青绿色或红褐色。叶互生，卵状披针形，黄绿色至深绿色。花单生或数朵成伞房花序；花柄长；花色有桃红色、粉红色、橙红色、紫红白色等。

木芙蓉 *Hibiscus mutabilis* L.

花瓣外面有毛，边缘微波状

木芙蓉原产于中国西南部，华南至黄河流域以南广为栽培。木芙蓉花有单瓣和重瓣之分，花色或白或粉或赤，若芙蓉出水，艳似菡萏展瓣，故有“芙蓉花”之称；又因其生于陆地，为木本，故得名“木芙蓉”。木芙蓉是典型的南方植物，喜温暖、湿润的环境，不耐寒，对土壤要求不高，瘠薄土地亦可生长。木芙蓉的花、叶均可入药，有清热解毒、消肿排脓、凉血止血之效。

叶片上下面均有稀疏毛

特征识别

全株高 2~5 米。其小枝、叶柄、花梗和花萼上均有密集星状毛和直毛相混的细绵毛。叶子为宽卵形至圆卵形或心形，常 5~7 裂，裂片为三角形，先端渐尖，有钝圆锯齿；有披针形的托叶，常早落。花单生于枝端叶腋间，花梗长 5~8 厘米，近端有节；线形小苞片 8 片，基部合生；钟形花萼，卵形裂片 5 片，渐尖头；花瓣近圆形。蒴果扁球形，内有肾形种子。

生活习性

温度：喜温暖、湿润的气候，不耐寒。

光照：喜光但夏季需要遮光。

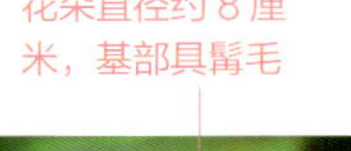

水分：喜潮湿，生长期应给足水分，冬季则需减少水分。

土壤：喜肥沃、湿润且排水性良好的沙壤土。

应用

木芙蓉花大而色彩艳丽，可孤植、丛植于庭院、坡地、路边、林缘及建筑前，或栽作花篱。特别适合配植水滨，开花时波光花影，相映成趣，分外妖娆。

植株对比

木芙蓉的叶片为宽卵形至圆卵形或心形，浅绿色，直径 10~15 厘米，有 5~20 厘米长的叶柄；木槿的叶片相对小，颜色深，卵形、菱状卵形，叶片不裂或 3 裂，先端钝，基部楔形。木芙蓉花朵刚开放时为白色、淡粉色，后会变为深红色，直径约 8 厘米；木槿花朵为白色、粉色、淡紫色或紫红色，花朵钟状，有单瓣、复瓣和重瓣之分。

繁殖方式

可用扦插、分株或播种法进行繁殖。家庭种植可以选择扦插的方式进行，扦插以 2~3 月为宜。选择湿润的沙壤土或洁净的河沙，以长度为 10~15 厘米的一年、二年生健壮枝条作插穗。扦插的深度以穗长的 2/3 为好，插后浇水覆膜，以保温及保持土壤湿润，约 1 个月后即能生根，来年即可开花。

别名：芙蓉花、拒霜花、木莲 | 科属：锦葵科，木槿属 | 花期：8 ~ 10 月

蓝刺头 *Echinops phaerocephalus* L.

蓝刺头的株型优美，花梗分枝较多，花形奇特。花色不仅有蓝色，还有蓝紫色、白色等，单株种植在草坪绿地、道路拐角等处极富美感。作为丛生植物，它具有很强的适应力与再生力，种植几年后，不需要精心打理，就会呈现出大面积的丛植景象，看上去十分美丽。蓝刺头在苏格兰被誉为“国花”。蓝刺头还有优良的药用价值，有通乳的作用，与通草、王不留行等配伍，对乳汁不下有良好的疗效。此外，蓝刺头还是优良的蜜源植物。

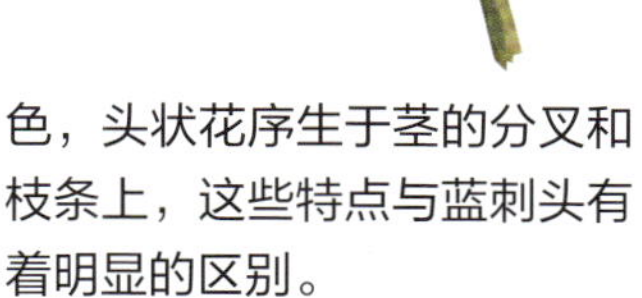

特征识别

多年生草本。全株高可达 150 厘米，茎单生，有分枝，全茎有毛。叶片为纸质，略薄，叶片上面绿色，下面灰白色；基部叶与下部叶为宽披针形，羽状半裂，有三角形或披针形的侧裂片 3~5 对，边缘有刺齿，顶端针刺状渐尖；上叶渐小。复头状花序单生于茎枝顶端；总苞片为白色，扁毛状；外层苞片为褐色，长倒披针形，上部椭圆形扩大；内层苞片为披针形，中间芒裂较长；淡蓝色或白色小花，花冠 5 深裂，裂片为线形。倒圆锥状的瘦果上有稠密且顺向贴伏的长直毛。

生长习性

温度：喜温暖环境，生长适温为 16~26 ℃。

光照：喜水湿，耐干旱。

水分：喜强光，适合全日照环境。

土壤：喜肥沃、疏松的土壤。

应用

花形新颖、花色典雅，株高适中，可成片、成丛种植，也可与其他色彩的花卉搭配种植，是很好的鲜切花和干切花材料，并有一定的药用价值。

养护要点

选择在光照好的环境中种植，种植后苗期要加强肥水管理。花前施肥 2 次，花后停止施肥，减少浇水。开花后及时剪下花枝，可作干花。

植株对比

蓝刺头与蓝刺芹的形态相似，但是蓝刺芹的叶片是基生，革质，披针形，表面深绿色，头状花序生于茎的分叉和枝条上，这些特点与蓝刺头有着明显的区别。

繁殖方式

采用种子繁殖、根段扦插和组织培养等繁殖方式。种子繁殖简单，但是幼苗品质不高；根段扦插方式繁殖出的幼苗稳定性更好；组织培养法主要运用于工厂化生产，可实现蓝刺头优良品种的快速繁殖。

别名：蓝星球 | 科属：菊科，蓝刺头属 | 花期：8 ~ 9 月

菊花 *Chrysanthemum morifolium* Ramat.

菊花是中国十大名花之一，花中四君子（梅、竹、兰、菊）之一，也是世界四大切花（菊花、月季、康乃馨、唐菖蒲）之一，产量居首位。因菊花具有凌寒傲雪的品格，才有魏晋诗人陶渊明的“采菊东篱下，悠然见南山”的名句。中国人有重阳节赏菊和饮菊花酒的习俗。唐代孟浩然的《过故人庄》中有“待到重阳日，还来就菊花”的诗句。在古神话传说中，菊花还被赋予了吉祥、长寿的含义。

花生于枝顶，花朵直径为2~30厘米

叶互生，具柄，两面绿色

幼茎嫩绿色或带褐色，被白色短柔毛

总苞片多层，外面被柔毛

特征识别

多年生草本。茎直立，被柔毛。单叶互生，卵形至披针形，羽状浅裂或半裂，基部为楔形，叶边缘有粗大锯齿或深裂。头状花序单生或数朵集生于茎枝顶端；花色有红色、黄色、白色、橙色、粉红色等；头状花序多变化，形状有单瓣、平瓣、匙瓣等类型。

生活习性

温度：喜欢凉爽的气候，怕高温。

光照：菊花为短日照植物，喜阳光，忌荫蔽。

水分：菊花不喜欢大水，除含苞期需水量增加，平时浇水量可按天气变化来调节。春季浇水宜少；夏季植株中的水分蒸发快，浇水要充足，并应不时向空气和地面喷水，以增加湿度，降低温度；秋季是菊花生长旺季，可以足量浇水；冬季植株越冬，要控制浇水量。

土壤：喜土层深厚、排水性良好的中性至微酸性土壤。

繁殖方式

菊花主要通过扦插进行繁殖，在母株上选择一枝健康粗壮的枝条作为种条，扦插繁殖宜在4~5月进行。

植株对比

野菊花与千里光很相似，但也有明显的不同。千里光的花香比野菊花要淡，花瓣更细长，花蕊深黄色，叶片也更繁密。千里光是多年生攀缘草本，有较粗的木质茎；而野菊花为多年生草本，茎是直立或铺散的状态。

别名：黄华、秋菊、寿客、金英 | 科属：菊科，菊属 | 花期：9 ~ 11月

鉴别

雏菊

叶基生，草质，匙形，顶端圆钝，基部渐狭成柄，上半部边缘有疏钝齿或波状齿。头状花序单生；总苞半球形或宽钟形；总苞片近 2 层，长椭圆形，顶端钝，外层被柔毛。雏菊的花蕊被花瓣包围而向外凸起，中间为黄色，没有别的杂色。

罗马甘菊

叶片二回羽状深裂。头状花序从长分枝顶端长出，单生。各个部分散发着浓郁的苹果芳香。

万寿菊

叶羽状分裂，裂片长椭圆形或披针形，边缘具锐锯齿。头状花序，单生，花序梗顶端呈棍棒状膨大；总苞杯状，顶端有齿尖；舌状花黄色或暗橙色。

白晶菊

叶基部簇生，匙形。头状花序单生，盘状，边缘舌状花银白色，中央筒状花金黄色，色彩分明、鲜艳，有白色、粉色、红色等；白晶菊的花蕊被花瓣包而向内凹，且黄色花蕊中带有少许绿色。

翠菊

叶长椭圆形或倒披针形，边缘有 1~2 个锯齿，或线形而全缘。头状花序单生于茎枝顶端，有长花序梗；总苞半球形，总苞片 3 层，近等长，外层长椭圆状披针形或匙形。

非洲菊

多数叶为基生，莲座状，叶片长椭圆形至长圆形。顶生花序，花朵硕大，花色有红色、白色、黄色、橙色、紫色等；花葶多为单生，无苞叶；总苞钟形。

瓜叶菊

叶片大，形如瓜叶，绿色光亮。花顶生，头状花序多数聚合成伞房花序，密集覆盖于枝顶，常呈锅底形；花色除黄色外，其他颜色均有，还有红白相间的复色。

波斯菊

叶羽状深裂，裂片线形或丝状线形。头状花序单生；总苞片外层披针形或线状披针形，近革质，淡绿色，有深紫色条纹；舌状花紫红色、粉红色或白色。

荷兰菊

叶呈线状披针形，光滑，暗绿色。花生于枝顶，呈伞房花序，花多而密，披针形，先端圆钝或尖；花色有蓝色、紫色或玫红色、白色等。

矢车菊

基生叶及下部茎叶呈长椭圆状倒披针形或披针形。顶端排成伞房花序或圆锥花序；总苞椭圆形，盘花；花色为蓝色、白色、红色或紫色。

百日菊

叶片形状为宽卵圆形或长圆状椭圆形，长 5 ~ 10 厘米，宽 2.5 ~ 5 厘米，基部稍心形抱茎，下面被浓密的短糙毛。头状花序，单生，总苞片呈宽卵形或卵状椭圆形；舌状花呈深红色、玫瑰色等，管状花呈黄色或橙色，先端裂片呈卵状披针形。

大花金鸡菊

叶对生，基部叶有长柄，披针形或匙形，下部叶羽状全裂。头状花序单生于枝端；总苞片外层较短，披针形；内层卵形或卵状披针形；舌状花有 6 ~ 10 朵，黄色。

松果菊

基生叶呈卵形或三角形，茎生叶呈卵状披针形，叶柄基部稍抱茎。头状花序单生于枝顶，或数朵聚生；舌状花紫红色，管状花橙黄色。

麦秆菊

叶互生，长椭圆状披针形。头状花序生于主枝或侧枝的顶端；总苞片多层，呈覆瓦状，外层椭圆形，呈膜质，形似花瓣；花色有白色、粉色、橙色、红色、黄色等。

应用

菊花可用于园林、绿地、花坛栽植或作盆栽、切花等。菊花嫩茎叶焯熟后，可以用来煮汤、凉拌或加入粥中共煮，能醒脑、祛火；花晒干后可以用来泡茶、泡酒，也可以用来炖汤或与肉一起炒食。

小贴士

菊花最怕积水，阴天、下雨天切忌浇水。此外，最好采用排水性好的花盆，每次浇水要浇透，见干时再浇。

倒挂金钟 *Fuchsia hybrida* Hort.ex Sieb.et Voss.

倒挂金钟原产于秘鲁、智利、阿根廷、玻利维亚、墨西哥等中南美洲国家，现在中国广为栽培，在北方或在西北、西南高原温室种植尤多。倒挂金钟最高可生长至15米，其花像钟一样悬挂在茎上，花形奇特，极为雅致。

叶片边缘具浅齿或齿突，脉常带红色

花开时萼片反折

花辐射对称，下垂

特征识别

多年生半灌木。茎直立，多分枝。叶对生，卵形或狭卵形。花两性，单一，稀对生于茎枝顶叶腋，下垂；花瓣颜色多变，有紫红色、红色、粉红色、白色等；花管红色，筒状；萼片4片，红色，长圆状或三角状披针形。

生活习性

温度：以10~28℃为宜。

光照：喜湿润的环境，怕强光，冬季与早春、晚秋需全日照，初夏与初秋需半日照，酷暑盛夏宜遮阴。

水分：保持土壤湿润。

土壤：以肥沃、疏松的微酸性土壤为宜。

应用

倒挂金钟可作盆栽，用于装饰阳台、窗台、书房等，也可吊挂于防盗网、廊架等处观赏。

鉴别

珊瑚红

丛生性矮生品种，叶色暗。花大轮；萼片绯红色，花冠堇色。

异色短筒倒挂金钟

丛生性矮生品种，枝条暗紫红色。叶小，3片轮生，卵状披针形。花小，多数；花萼红色，筒部细短；花瓣钝头，比萼裂片短。

球形短筒倒挂金钟

枝条无毛，下垂，叶脉红色。花梗长，萼片绯红色；花瓣鲜青堇色，长度约为萼裂片的1/2。

白萼

为栽培杂种。萼筒白色，较长萼裂片反卷，花瓣红色。

别名：灯笼花、吊钟花 | 科属：柳叶菜科，倒挂金钟属 | 花期：4 ~ 12 月

绿玉树 *Euphorbia tirucalli* L.

叶长圆状线形，稀疏生于当年生嫩枝上

小枝肉质，具丰富乳汁

绿玉树原产于非洲东部（安哥拉），广泛栽培于热带和亚热带，并有逸为野生现象。中国（香港，台湾澎湖列岛，海南，云南的西双版纳、昆明，广州，湖南）、美国、马来西亚、印度、英国及法国等地有引种栽培。其满树只有些光溜溜的树枝，看起来就像绿色的玉石，所以被称为“绿玉树”；又因为它叶子稀疏，所以又常被称为“光棍树”。

花簇生于枝端或枝杈上

特征识别

热带灌木或小乔木，高为 2~9 米。叶细小，互生，呈线形或退化为不明显的鳞片状；枝干圆柱形，绿色，分枝对生或轮生；嫩枝绿色，圆筒状，像铅笔；叶片早落。花为杯状聚伞花序；花瓣 5 片，黄白色。

生活习性

温度：喜温暖环境，以 25~30 ℃为宜。

光照：喜阳光充足的环境。

水分：见干见湿，干透再浇。

土壤：喜疏松、透气的沙壤土。

应用

绿玉树是一种石油植物，也是一种药用植物，同时具有观赏性。因能耐旱、耐盐和耐风，常用作海边防风林或美化树种。

小贴士

绿玉树多作为观赏植物被种植，但它的汁液有毒，如不慎进入眼睛还会使人失明，所以不要随意攀折。

药用价值

全草可作药用，味辛、微酸，性凉。民间早期就将绿玉树作为药物治疗一些疾病。在许多国家和地区，如巴西、印度、印尼、马拉巴尔海岸、马来群岛，绿玉树被用作传统药物原料，主治妇女产后乳汁不足、癣疮及关节肿痛等症。

别名：光棍树、龙骨树、绿珊瑚 | 科属：大戟科、大戟属 | 花期：7 ~ 10 月

观果植物

无花果 *Ficus carica* L.

无花果原产于阿拉伯南部，大约在唐代传入中国，迄今已有 1300 余年的历史。目前中国各地均有种植，但主要产地在新疆、山东、江苏、广西等地，而其他地区仅少量种植。由于树叶厚大、浓绿，花常被掩盖不见，人们认为它“无花而实”，所以称之为“无花果”。

榕果呈梨形

叶边缘 3 ～ 5 裂，少有不分裂者，掌状叶脉明显

茎具乳汁，多分枝

特征识别

落叶灌木。树皮灰褐色，皮孔明显。叶互生，厚纸质，广卵圆形；托叶卵状披针形。雌雄异株，雄花生于内壁口部，花被片 4~5 片。榕果单生于叶腋，大而呈梨形，顶部下陷，成熟时呈紫红色或黄色；基生苞片 3 片，卵形。

生活习性

温度：喜温暖环境，以 25~30 ℃为宜。

光照：喜阳光充足的环境。

水分：不耐涝，在积水的情况下，很快就会凋萎落叶，甚至死亡。有强大的根系，比较耐旱。

土壤：喜保水性较好的沙壤土。

养护要点

在立秋后，最好把无花果所长出的幼果全部摘去。因为此时所结的果实较难成熟，会消耗植株养分，对翌年生长造成影响。盆栽无花果可在冬季叶片脱落干净以后，将根取出，用快刀把土坨表面的老根削去一层，然后把修整过的土坨放入掺有肥料的新土中重新种植。

小贴士

脾胃虚寒、腹泻便溏者不宜生食，脑血管疾病、正常血钾性周期性麻痹、糖尿病等患者忌食。

应用

无花果树型优雅，是庭院、公园的观赏树木，一般不用农药，是一种纯天然无公害树木。其叶片大，呈掌状裂，叶面粗糙，具有良好的吸尘效果。如与其他植物配植在一起，还可以形成良好的防噪声屏障。无花果树能抵抗一般植物不能忍受的有毒气体和大气污染，是化工污染区绿化的好树种。此外，无花果适应性强，抗风、耐旱、耐盐碱，在干旱的沙荒地区栽植，可以起到防风固沙、绿化荒滩的作用。

别名：蜜果、文仙果、奶浆果 | 科属：桑科，榕属 | 果期：8 ~ 9 月

佛手 *Citrus medica* 'Fingered'

革质叶片，顶端无关节

果先端分裂为多条手指状肉条，长短不等

佛手多种植在海拔 300~500 米的丘陵平原开阔地带，而在四川则多分布于海拔 400~700 米的丘陵地带，在丘陵顶较多；中国长江以南各地有栽种；南方各地多栽培于庭院或果园中；广西、安徽、云南、福建等地也有栽培。果皮橙黄色，皱而有光泽，顶端常张开如手指状，故名“佛手”。佛手的观赏价值不同于一般的盆景花卉。其花洁白、香气扑鼻，并且一簇一簇地开放，十分惹人喜爱。到了果实成熟期，它的形状犹如伸指形、握拳形、拳指形、手中套手形，状如人手，惟妙惟肖。

表皮橙黄色，有乳状突起

花两性，花瓣内白外紫

特征识别

常绿小乔木或灌木，有短而硬的刺。单叶互生，革质，具透明油点；叶柄短，无翅；叶片长椭圆形或倒卵状长圆形，边缘有浅波状钝锯齿。花单生、簇生或为总状花序；花萼杯状，5 浅裂，裂片三角形；花瓣 5 片，内面白色，外面紫色。柑果卵形或长圆形，顶端分裂如拳状或张开似手指，其裂瓣数代表心皮数，表面橙黄色，粗糙；果肉淡黄色；种子数颗，卵形，先端尖。

生活习性

温度： 喜温暖环境，以 15~30 ℃为宜。

光照： 喜阳光充足的环境。

水分： 土壤干则浇水。

土壤： 喜沙壤土。

应用

佛手可用于庭院、果园栽植等。

小贴士

成熟的佛手颜色橙黄，并能时时溢出芳香，消除异味，净化室内空气，抑制细菌。挂果时间长，有 3~4 个月之久，甚至更长，可供长期观赏。

药用价值

佛手的根、茎、叶、花、果均可入药，有理气化痰、止呕消胀、疏肝健脾、和胃等多种功效。对老年人的气管炎、哮喘有明显的缓解作用；对一般人的消化不良、胸腹胀闷，有更为显著的疗效。佛手可制成多种中药材，久服有保健益寿的作用。

别名：佛手柑、五指橘、蜜萝柑 | 科属：芸香科，柑橘属 | 果期：7 ~ 11 月

金橘 *Citrus japonica* Thunb.

金橘未见有野生，中国南方各地有栽种，以台湾、福建、广东、广西栽种的较多，其耐寒性远不如金柑，故五岭以北较少见。金橘是著名的观果植物，枝叶茂密，冠枝秀雅，花朵皎洁雪白，娇小玲珑，芳香四溢，果实熟后为金黄色。其在北方一般作盆栽，因其果实“大者如金钱，小者如龙眼”，外皮橙黄光滑，色泽鲜艳，所以又称为“金钱橘”。

果实顶端圆形，基部稍狭，光滑

翼叶狭长，与叶片连接处有关节，叶质厚

树高 3 米以内

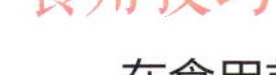

花生于叶腋，有短梗

特征识别

常绿灌木。枝有刺。叶质厚，深绿色，卵状披针形或长椭圆形。单花或 2~3 朵花簇生；花萼 4~5 裂；花瓣 5 片，白色，芳香。果实椭圆形或卵状椭圆形，橙黄色至橙红色，果皮味甜，油胞常稍凸起，瓢囊 4~5 瓣。

生活习性

温度：喜温暖环境，以 22~30 ℃为宜。

光照：喜阳光充足的环境。

水分：保持土壤湿润。

土壤：喜肥沃的微酸性腐殖土。

应用

金橘可用于庭院、果园栽植或作盆栽等。盆栽金橘生长期摆放在阳台等阳光充足处，坐果后可放置于客厅显眼处；以金橘制成的菜肴、饮品或蜜饯非常美味可口。

养护要点

进行盆栽时，选择植株矮壮、丰满，果大色艳，大小一致的植株。生长期每周施肥 1 次，每次修剪和摘心后及时施肥。春梢萌发前修剪，枝条生长期摘心，促发夏梢结果枝，及时剪除秋梢。

小贴士

金橘分为食用和观赏 2 类。食用类有圆金橘、长叶金橘等。不能食用、仅供观赏的有四季橘、山金橘等。观赏用金橘一直以来都是广东一带最好的贺岁植物。

食用技巧

在食用前用手指来回轻轻捏几下，可将金橘外皮所含的精油成分释放出来。金橘生吃不需要剥皮，味道香甜可口。金橘在食用之前必须彻底清洗，可以放入沸水中煮 20 秒钟，至果实发白后取出，置于冷水中进行冷却，以便其果皮完全软化。

别名：金枣、金弹、牛奶柑、金钱橘 | 科属：芸香科，柑橘属 | 果期：10 ~ 12 月

红毛丹 *Nephelium lappaceum* L.

红毛丹原产于马来半岛、东南亚各国，如泰国、斯里兰卡、马来西亚、印度尼西亚、新加坡、菲律宾，美国夏威夷和澳大利亚也有栽培。泰国红毛丹有“果王”之称。中国的台湾、海南有种植，云南西双版纳也有野生红毛丹。

特征识别

常绿乔木。小枝圆柱形，有皱纹，灰褐色。小叶 1~4 对，薄革质，椭圆形或倒卵形，顶端钝或微圆，有时近短尖。花序常多分枝，被锈色短茸毛；花萼革质，裂片卵形；无花瓣。果实核果状，红黄色。

生活习性

温度：喜温暖环境，以 23~32 ℃为宜。

光照：喜阳光充足的环境。

水分：不耐旱，需要适当增加水分管理。

土壤：喜土层深厚、富含有机质、肥沃疏松、排水性和通气性良好的土壤。

应用

红毛丹可作为观赏树种；果实宜鲜食，也可加工成各种制品；果核含油率近 37%，可用于制作肥皂；新梢可作染料。

食用价值

现代医学认为，长期食用红毛丹可起到清热解毒、增强人体免疫力的作用；红毛丹具有滋养强壮、补血理气之功效；红毛丹含铁量较高，有助于改善缺铁性贫血症状。

小贴士

红毛丹的果壳较荔枝厚，用指甲剥会伤害手指，而且也不卫生。正确的方法是用两只手上下握住，像开瓶盖一样将它旋开。红毛丹一定要放在冷库或冰箱里保存，最好处于 0~5 ℃。

食用禁忌

红毛丹的果核上有一层坚硬且脆的保护膜，和果肉紧密相连。人的胃肠是无法消化的这层膜的，吃进胃里易划破胃肠内壁，食用时一定要将这层膜剔除干净。

别名：韶子、红毛果、毛荔枝、果王 | 科属：无患子科，韶子属 | 果期：8 ~ 9 月

柠檬 *Citrus × limon* (Linnaeus) Osbeck

柠檬原产于东南亚，主要产地为美国、意大利、西班牙和希腊。柠檬味极酸，肝虚孕妇最喜食，故称“益母果”或“益母子”。柠檬中含有丰富的柠檬酸，因此被誉为“柠檬酸仓库”。

特征识别

常绿小乔木。枝少刺或无刺，嫩叶及花芽暗紫红色。叶片厚纸质，卵形或椭圆形。单花腋生或少花簇生；花萼杯状；花瓣外面淡紫红色，内面白色。果实卵圆形，顶部通常较狭长，两端有乳头状突尖。

生活习性

温度： 喜温暖环境，以 22~30 ℃为宜。

光照： 喜阳光充足的环境。

水分： 保持土壤湿润。

土壤： 喜土层深厚、排水性良好的土壤。

应用

柠檬可用于庭院、果园栽植或作盆栽等。柠檬叶可用于提取香料，柠檬鲜果表皮可以生产柠檬香精油，是生产高级化妆品的重要原料；果胚榨取的汁液既可生产高级饮料，又可生产高级果酒；果渣可作饲料或肥料；种子可榨取高级食用油或入药。

营养价值

柠檬富含维生素 C、糖类、钙、磷、铁、维生素 B_1、维生素 B_2、烟酸、奎宁酸、柠檬酸、苹果酸、橙皮苷、柚皮苷、香豆精、高量钾元素和低量钠元素等，对人体十分有益。

药用价值

柠檬的药用价值在古医书中早有记载。明朝药学家李时珍所著《本草纲目》中记载，柠檬具有生津、止渴、祛暑等功能。《陆川本草》说柠檬果实、皮汁等具有疏滞、健胃、止痛、治瘀滞腹痛、不思饮食等症的作用。现代医学认为，柠檬是预防心血管疾病的药食佳品，由于柠檬酸可以在人体内与钙离子结合成一种可溶性配体化合物，从而具有抑制钙离子、促进血液凝固的作用。

养护要点

喜肥，要多施薄肥，上盆、换盆要施足基肥。植株在萌芽前施 1 次腐熟液肥，以后每 7~ 10 天施 1 次以氨肥为主的液肥。入秋后，施肥量应减少，避免植株营养过剩而造成落果。在春梢萌发前，必须进行强剪，去除枯枝、病害枝等。春梢长齐后，为控制其徒长，应剪去枝梢 3~4 节。以后长出的新梢有 6~8 节时就摘心。幼树较适宜在冬季修剪。

别名：柠果、洋柠檬、益母果、益母子 | 科属：芸香科，柑橘属 | 果期：9 ~ 11 月

山楂 *Crataegus pinnatifida* Bunge

山楂在中国山东、陕西、山西、河南、江苏、浙江、辽宁、吉林、黑龙江、内蒙古、河北等地均有分布。山楂树高可达 6 米，果实酸涩微甜、营养丰富，是中国独有的水果品种。中国栽培山楂的历史悠久，最早可追溯到 3000 多年前。山楂具有很高的营养价值和药用价值，常食可预防多种疾病的发生，可延年益寿，被视为“长寿食品”。中国较为著名的山楂品种有大山楂、猴山楂、野山楂和云南山楂等。

花朵直径约 1.5 厘米

果核外面有棱，内面平滑

特征识别

落叶乔木。树皮暗棕色。茎多分枝，具刺或无刺。叶互生，阔卵形或三角状卵形，稀近菱状卵形。伞房花序，有柔毛，花白色；萼筒钟状，萼片 5 齿裂；花瓣倒卵形或近圆形；雄蕊约 20 枚，花药粉红色。梨果近球形，深红色，有黄白色小斑点，萼片脱落很迟，先端留下 1 条圆形深柱；小核 3~5 个，向外的一面稍具棱，向内的一面侧面平滑。

生活习性

温度： 喜温暖环境，以 15~25 ℃为宜。

光照： 喜阳光充足的环境。

水分： 开花前后及膨果期各浇水 1 次。

土壤： 喜排水性、通气性良好，具有一定基础肥力的偏酸性土壤。

应用

山楂树常常生于山谷或山地灌木丛中，适应能力强，容易栽培，因此也是田旁、宅园绿化的良好观赏树种。山楂果实不仅可生食，还可用于制作罐头、果酱、果脯、蜜饯、软糖、果汁、果酒、饮料、冰糖葫芦、山楂冻、山楂片、山楂糕、果丹皮等。

小贴士

山楂有促进妇女子宫收缩的作用，孕妇多吃会引发流产，故不宜吃。胃酸分泌过多、脾胃不好、便秘者宜少吃山楂。

繁殖方式

山楂的繁殖方式有种子繁殖、分株繁殖和嫁接繁殖 3 种，最常用的是嫁接繁殖。春、夏、秋三季均可进行，用种子繁殖的实生苗或分株苗均可作砧木，采用芽接或枝接或靠接等方式，以芽接为主。

别名：红果、山里果 | 科属：蔷薇科，山楂属 | 果期：8 ~ 10 月

石榴 *Punica granatum* L.

中国栽培石榴的历史可上溯至汉代，据记载，石榴由张骞从西域引入。中国南北都有栽培，以安徽、江苏、河南等地种植面积较大，并培育出一些较优质的品种。其中安徽怀远县是“中国石榴之乡”，“怀远石榴”为国家地理标志保护产品。中国传统文化视石榴为吉祥物，视它为多子多福的象征。

纸质叶对生，全缘，光滑无毛，有短柄

幼枝四棱形，枝顶常形成刺状

浆果直径为 5~12 厘米，萼宿存

种子数量多，可供食用

花瓣 5 ~ 7 片，有时重瓣

特征识别

落叶灌木或乔木。枝顶常有尖锐长刺，幼枝具棱角，无毛，老枝近圆柱形。叶通常对生，纸质，矩圆状披针形，顶端短尖、钝尖或微凹，基部短尖至稍钝形，上面光亮，侧脉稍细密；叶柄短。尖至稍钝形，上面光亮，侧脉稍细密；叶柄短。花大，单生或几朵簇生或组成聚伞花序，近钟形；萼筒通常红色或淡黄色，裂片略外展，卵状三角形，边缘有乳头状突起；花瓣通常大，红色、黄色或白色。浆果近球形，通常为淡黄褐色或淡黄绿色，有时白色，稀暗紫色。种子多数，钝角形，红色至乳白色，肉质的外种皮供食用。

生活习性

温度：喜温暖环境，以 15~20 ℃为宜。

光照：喜向阳的环境。

水分：保持土壤湿润。

土壤：喜有机质丰富、排水性良好的微碱性土壤。

应用

石榴可用于庭院、公园、果园栽植或盆栽等。果皮入药，称石榴皮，治慢性下痢等症，根皮可驱绦虫和蛔虫。树皮、根皮和果皮可提制栲胶。

繁殖方式

秋季采种，沙藏至次年春播，发芽适温为 13~18 ℃。夏季取半成熟枝扦插，早春挖取根蘖苗分栽。

养护要点

地栽石榴、盆栽石榴均应施足基肥，然后每年入冬前再施 1 次腐熟的有机肥，对幼树应在距树 1 米处环状沟施。老树则应放射状沟施，深度为 20 厘米。盆栽石榴应以“薄肥勤施”为原则。

别名：安石榴、丹若 | 科属：千屈菜科、石榴属 | 果期：9 ~ 10 月

火棘 *Pyracantha fortuneana* (Maxim.) Li

火棘分布于中国黄河以南及广大西南地区，全属 10 种，中国产 7 种，国外已培育出许多优良栽培品种。火棘的果实虽然不像山楂那么好吃，但晒干磨成粉之后可以充饥，因此有“救命粮”“救兵粮”“救军粮”之称。在国外，火棘类的其他种也都开发成观果植物，园艺学家通过杂交，还培育出了果实变成黄色的品种，如今在中国的公园里也能见到了。

橘红色或深红色近球形果实

小枝暗褐色，幼时被锈色短柔毛

叶片边缘有圆钝锯齿，叶柄短

白色花的直径约 1 厘米

特征识别

常绿灌木。侧枝短，先端呈刺状，嫩枝外被锈色短柔毛。叶片倒卵形或倒卵状长圆形。花集合成复伞房花序；萼筒钟状；萼片三角状卵形，先端钝；花瓣白色，近圆形。果实近球形，橘红色或深红色。

生活习性

温度： 喜温暖环境，以 20~30 ℃为宜。

光照： 喜阳光充足的环境。

水分： 开花前后和夏初各灌水 1 次。

土壤： 喜排水性良好、富含有机质的土壤。

应用

火棘树形优美，夏有繁花，秋有红果，果实存留于枝头甚久，在庭院中作绿篱及园林造景材料，在路边可以用作绿篱，美化、绿化环境。其果实可鲜食，也可加工成各种饮料，还可以磨粉以代替食品；其根皮、茎皮、果实含有丰富的单宁，可用来提取鞣料。

微型盆景制作

制作火棘微型盆景，除了可用播种、扦插、压条等方法繁育的植株，也可选择生长多年的植株矮小、姿态优美的老桩，老桩多在初春移栽。火棘盆景的造型方法以蟠扎为主、修剪为辅。对于幼树，要进行蟠扎造型，使枝干有一定的弯度，还可根据造型需要将树根提出土面，使盆景显得苍老古朴。树冠多采用自然形或圆片形或馒头形。

别名：火把果、救军粮、红子刺、救兵粮、救命粮 | 科属：蔷薇科，火棘属 | 果期：8 ~ 11 月

山荆子 *Malus baccata* (L.) Borkh.

山荆子主产于中国辽宁、吉林、黑龙江、内蒙古、河北、山西、山东、陕西、甘肃等地，蒙古、朝鲜、俄罗斯、西伯利亚等地也有分布。生长于海拔 50~1500 米的山坡杂木林中及山谷阴处灌木丛中，除盐碱地以外的山、丘、平原地区均有。山荆子在不同的生态条件下会有不同的类型，如山西省太原地区及上党盆地的沁源山荆子、晋南地区的蒲县山荆子、陕西省榆林地区的黄龙山荆子等。

叶柄长 2~5 厘米，幼时有短柔毛及少数腺体

幼枝细弱，微屈曲，圆柱形，无毛，灰褐色

近球形的红色果实

黄色果实

特征识别

落叶乔木。枝条灰褐色，光滑，不易开裂。叶片椭圆形，先端渐尖，基部楔形，叶缘锯齿细锐，幼叶两面沿脉有短柔毛，成长叶无毛。伞形总状花序，花白色，4~6 朵花簇生在短枝顶端；萼片披针形；花瓣倒卵形。果实近球形，红色或黄色。

生活习性

温度：喜温暖环境，以 16~28 ℃为宜。

光照：喜阳光充足的环境。

水分：土壤干则浇水。

土壤：喜排水性良好、富含有机质的土壤。

应用

山荆子生长较快、遮阴面大、春花秋果，观赏价值较高，可用作公园、庭院、绿化带的景观树种。

幼苗可作苹果、花红和海棠果的嫁接砧木，是很好的蜜源植物；木材纹理通直、结构细致，可用于印刻雕版、细木工、工具把等；嫩叶可代茶饮，还可作家畜饲料。

植株对比

山荆子刺多，且大而硬；海棠刺少，且小而柔软。山荆子和垂丝海棠、湖北海棠形态很接近，山荆子的花萼比膨大的萼筒长，湖北海棠和垂丝海棠的花萼和萼筒等长或花萼较短。

花聚生于小枝顶端，花梗细，花白色

繁殖方式

主要采用播种的方式繁殖，播种一般采用条播的方式，如果想当年播种、当年嫁接、当年出圃，可采用小拱棚或温室播种。播种时先将土壤浇透，早春浇水量要小，以防延迟播种期。

别名：林荆子、山定子、山丁子 | 科属：蔷薇科，苹果属 | 果期：9 ~ 10 月

白蛋茄 *Solanum texanum* Hort. ex Ten.

白蛋茄分布于亚洲东南热带，具有很多优良性状。绿叶与黄色、白色果实相映衬，晶莹可爱，植株上的果实披金挂银、光彩夺目、久日不落，置于室内，可平添几许殷实富裕的吉祥之意，洋溢着欢庆丰收的气息。

特征识别

一年生草本。形态及习性均似茄子，高约 30 厘米。叶互生，长椭圆形，先端尖，基部圆钝，全缘或有稍波状，绿色。单花自叶腋间抽出，夏季开花，花白色或淡紫色，花萼有刺。浆果幼时绿白色，长大后变成乳白色，成熟时转为金黄色。

生活习性

温度： 喜温暖环境，以 16~28 ℃为宜。不耐寒，15 ℃以下对生长不利；也不耐酷暑天气，高温时生长势头减弱，影响坐果，易落花落果。

光照： 喜阳光充足的环境。

水分： 生长期保持土壤湿润。

土壤： 喜排水性良好、富含有机质的土壤。

应用

白蛋茄果实小巧鲜艳，非常适于盆栽观赏或庭院栽植。除作盆栽观果外，还可栽入花坛进行点缀，果实可入药用。

养护要点

白蛋茄喜肥，可以将鱼肠鳞片、动物毛等下脚料发酵腐熟后埋于土壤底部，生长期、成果期每隔 15 天施 1 次氮肥，施肥与浇水一起进行。平时养护应该及时修枝，摘除老叶、枯叶和子叉，能缩短白蛋茄的成熟期，有效提高产量。

病虫害防治

白蛋茄因叶密而通风性较差，容易引发红蜘蛛、白粉虱等虫害。一旦发病，可人工捕捉，或者用水胺硫磷兑水 500 倍喷杀。

别名：巴西金银茄、看茄、观赏茄 | 科属：茄科，茄属 | 果期：8 ~ 10 月

倒地铃 *Cardiospermum halicacabum* L.

倒地铃广泛分布于全世界的热带和亚热带地区；在中国东部、南部和西南部很常见，北部较少，四川、贵州、广西、广东、福建、台湾、湖南、湖北、江苏等地均有栽培。倒地铃如果没有攀缘物，植株会匍匐在地上，果实呈一个三角形的鼓胀气囊，如悬挂的铃铛，成熟后掉落在地，因此叫作“倒地铃”。“倒地铃”这个中文名是在《中国植物志》中正式确定的；在植物分类学中属于无患子科、倒地铃属的草质攀缘藤本。

特征识别

一年生或二年生攀缘藤本。茎质柔，疏被毛。叶互生，二回三出复叶，小叶卵形、披针形。花腋生，数朵呈圆锥形花序，花两性；花瓣白色，4 片，2 片较大，另外 2 片有冠状鳞片 1 片。蒴果膨大，近球形；种子黑色，有光泽，上有白色心形图案。

生活习性

温度：喜温暖环境，以 20~30 ℃为宜。

光照：喜阳光充足的环境。

水分：保持土壤湿润。

土壤：喜微潮的土壤环境。

应用

倒地铃生长于田野、灌木丛、路边和林缘。可地栽于墙垣之侧进行美化，亦可作盆栽观赏。其果枝可以作为插花材料；新梢嫩叶能够作为蔬菜食用。

养护要点

定植后浇透水保湿，苗高 15 厘米时搭架，摘心以促发分枝。每个月施肥 1 次，苗期以氨肥为主，花芽分化后以全素肥料为主，也可追施有机肥。

药用价值

倒地铃全草可入药，有散瘀消肿、凉血解毒、利湿之效，用于跌打损伤、疮疖痈肿、湿疹、毒蛇咬伤等症。

别名：包袱草、野苦瓜、金丝苦楝藤、风船葛、鬼灯笼 | 科属：无患子科、倒地铃属 | 果期：9 ~ 12 月

枣 *Ziziphus jujuba* Mill.

幼枝光滑，小枝簇生

花黄绿色，呈聚伞状，花梗短

叶片边缘具钝锯齿

果肉厚，味甜

枣树生长于海拔1700米以下的山区、丘陵或平原。原产于中国，亚洲、欧洲和美洲常有栽培。关于枣的记载，可追溯到2500多年前，它最先出现在《诗经》的吟诵中：“七月烹葵及菽，八月剥枣，十月获稻，为此春酒，以介眉寿……”唐朝诗人李颀吟咏“四月南风大麦黄，枣花未落桐阴长”，唐代另一著名诗人刘长卿有诗云“行过大山过小山，房上地下红一片”。透过这些诗文，我们就能穿越时空隧道，尽情领略先前枣乡风光、感受历史沧桑、体会故人先贤和当代人爱枣的情怀。

特征识别

落叶灌木或小乔木。枝平滑无毛，幼枝纤弱而簇生。单叶互生，卵圆形至卵状披针形，少有卵形。花小型，呈短聚伞花序，丛生于叶腋，黄绿色；萼裂，绿色。核果矩圆形或长卵圆形，成熟时深红色，果肉味甜；果核坚硬，两端尖。

生活习性

温度：喜温暖环境，以15~25℃为宜。

光照：喜阳光充足的环境。

水分：与施肥结合，施肥后浇水。

土壤：对土壤适应性强，对土壤选择不严格，但以肥沃的沙壤土为好。

应用

枣树枝干挺拔、冠形优美，可种植于水旁、屋隅，或成片栽植，是观赏与果用兼备的庭荫树。其果实除供鲜食外，常可以制成蜜枣、熏枣、酒枣、牙枣等蜜饯和果脯；还可用于制作枣泥、枣面、枣酒、枣醋等，为食品工业原料。

盆栽要点

盆栽的容器宜选择土盆，也可选择底部有排水孔的陶瓷盆缸。容器的容土量为20~50千克，观果品种的容器越大越好，使枣树有较大的土壤营养面积，从而生长健壮、结果稳定。盆土以肥沃的沙壤土为好。

药用价值

枣属于补气药，味甘，性温，归脾、胃经，具有补中益气、养血安神、缓和药性的功效。此药在临床上可以用来辅助治疗脾虚导致的多种疾病，还可以用来辅助治疗血虚萎黄、妇女脏燥证。此外，枣还可以保护胃气，缓和毒烈药性。

别名：大枣、枣子、红枣 | 科属：鼠李科、枣属 | 果期：9~10月

番木瓜 *Carica papaya* L.

番木瓜原产于热带美洲，中国福建南部、台湾、广东、广西、云南南部等地已广泛栽培。木瓜何时传到中国，有两种说法。有人认为，《岭南杂记》中记载了番木瓜，这部书成书于17世纪末，说明中国栽培木瓜至少有300年历史；也有人认为，宋代王谠的《唐语林》中讲到了木瓜，而这本书是根据唐人小说的旧材料编写的。因此，番木瓜传入中国，最晚也应该在12世纪初，最早可能推至唐代。

叶近盾形，直径可达60厘米

果肉厚，味香甜

茎一般不分枝，具粗大叶痕

种子多数，黑色

花乳黄色，单性异株或为杂性

特征识别

乔木。有乳汁，茎不分枝或于损伤处抽出新枝，有螺旋状排列且粗大的叶痕。叶大，近盾形，聚生于茎顶，直径可达60厘米；叶片掌状，常7~9深裂，裂片羽状分裂。花乳黄色，单性，雌雄异株或两性花，排列成长达1米、下垂的圆锥形花序，聚生；花冠管柔弱，雌花单生或数朵花排成伞房花序，萼片中部以下合生，花瓣5片，披针形而旋扭，分离，近基部合生。浆果大型，长圆形，长达30厘米，成熟时为橙黄色；果肉厚，黄色，内壁着生多数黑色种子。

生活习性

温度：喜温暖环境，以22~30 ℃为宜。

光照：喜阳光充足的环境。

水分：见干见湿，土壤干则浇水。

土壤：喜排水性良好、富含有机质的土壤。

应用

番木瓜可用于庭院、园林栽植或作盆栽等。成熟果实可作水果；未成熟的果实可作蔬菜煮熟食或腌食，可加工成蜜饯、果汁、果酱、果脯及罐头等；种子可榨油；果和叶均可作药用。

小贴士

番木瓜适宜慢性萎缩性胃炎患者，缺乳的产妇，风湿筋骨痛、跌打扭挫伤患者，消化不良者及肥胖者食用；不适宜孕妇、过敏体质者食用。

别名：木瓜、番瓜、万寿果 | 科属：番木瓜科，番木瓜属 | 果期：9 ~ 10月

人心果 *Manilkara zapota* (L.) van Royen

人心果原产于美洲热带地区，中国广东、广西、云南（西双版纳）有栽培。人心果是一种山榄科的热带水果，因为其果实长得很像人的心脏，所以被人们命名为“人心果”。果形十分像柿子，也可以叫作“吴凤柿”。

茶褐色小枝，叶痕明显

叶生于小枝顶端，叶脉下面突起

果实像人的心脏，果肉黄褐色，味甜可口

扁圆形的黑色种子

特征识别

乔木。小枝茶褐色，有明显的叶痕。叶互生，密聚于枝顶，革质，长圆形或卵状椭圆形。花 1~2 朵生于枝顶叶腋；花萼外轮 3 裂片，长圆状卵形；花冠白色，裂片卵形。浆果纺锤形、卵形或球形，黄褐色；种子 2~5 颗，黑色，扁圆形。

花冠白色，裂片卵形

生活习性

温度： 喜温暖环境，以 22~30 ℃为宜。

光照： 喜阳光充足的环境。

水分： 保持土壤湿润。

土壤： 以肥沃、深厚的砂质土或黏质土为宜。

应用

人心果树姿婆娑可爱，满树果实累累，果实营养价值高。在南方小庭园中栽植，既可观赏，又可食用，也可作盆栽，摆放于宾馆大堂、商厦大厅等大型场所，别具一格。

营养价值

人心果营养丰富，含有蛋白质、脂肪、糖分、多种氨基酸、维生素 B_1、维生素 B_2、维生素 E，以及磷、钙、铁等多种矿物质。硒和钙的含量尤其高。硒能激活人体细胞，增强活力，具有预防心血管疾病的作用；钙能维持人体血钙平衡，防止由于缺钙引起的骨质疏松、骨质增生、阿尔茨海默病、动脉硬化等病症。

小贴士

刚采下时果质硬，富含胶质和单宁，如立即食用，舌头会有些发麻，需要在室温下放置 5~7 天，至成熟后果肉才会变软、变甜、变香。

别名：吴凤柿、赤铁果、奇果 | 科属：山榄科，铁线子属 | 果期：8 ~ 11 月

番石榴 *Psidium guajava* L.

番石榴原产于南美洲。中国华南各地栽培，常见有逸为野生种，北达四川西南部的安宁河谷，生于荒地或低丘陵上。

特征识别

乔木。树皮平滑，灰色；嫩枝有棱，被毛。叶片革质，长圆形至椭圆形。花单生或2~3朵排成聚伞状花序；萼管钟形，萼帽近圆形，不规则裂开；花瓣4~5片，白色。浆果球形、卵圆形或梨形，顶端有宿存萼片；果肉白色及黄色，胎座肥大，肉质，淡红色，种子多数。

生活习性

温度： 喜温暖环境，以23~28 ℃为宜。

光照： 喜阳光充足的环境。

水分： 保持土壤湿润。

土壤： 喜疏松、肥沃，透气性、排水性均良好的沙壤土。

应用

番石榴可用于庭院、果园、行道树栽植等，果实可直接食用，也可制作成果酱、果冻、酱料；叶经煮沸去掉鞣质，晒作茶叶用，有止痢、健胃等功效；木材结构细致、均匀，坚实致密，供农具、工具柄、雕刻、玩具等使用。

营养价值

番石榴营养丰富，可增进食欲，促进儿童生长发育；其维生素C、矿物质的含量高，种子中的铁含量尤其高，最好一起吃。

小贴士

如果喜欢吃比较爽脆的番石榴，趁未软时放在冰箱冷藏室，可以保存较长时间。如果喜欢吃软的，放置3~4天至表皮变黄软化，就不要继续保存了，在炎热夏天软化得更快。存放在低温环境下可以保存1个月。

别名：鸡屎果、喇叭番石榴 | 科属：桃金娘科、番石榴属 | 果期：8 ~ 12 月

柿 *Diospyros kaki* Thunb.

柿树是中国栽培历史悠久的果树，在浙江、江苏、湖南、湖北、四川、云南、贵州、广东、福建等省的山区林中，尚有野生和半野生的柿树存在。在山东省临朐县的山旺镇曾发现新生代的柿叶化石，特征为侧脉叉角较小，与现代栽培品种中的“青旋柿”果枝基部的叶片相似。早在 250 万年前，中国即有柿树存在。参照日本、韩国所发现的柿树栽培实况推断，柿起源于黄河流域，但在冰川期以后，栽培种源于长江流域。

叶柄长 1~1.5 厘米

花冠黄白色，4 裂，有毛

特征识别

落叶大乔木。树冠球形或长圆球形。叶片纸质，卵状椭圆形至倒卵形或近圆形。花序腋生，为聚伞花序，有花 3~5 朵；花冠为钟状，黄白色。浆果球形、扁球形、方球形或卵圆形，基部常有棱，成熟后为黄色或橙黄色；果肉柔软多汁，橙红色或大红色，有数颗种子；宿存花萼方形或近圆形；种子褐色，椭圆状，侧扁。

生活习性

温度：喜温暖环境，以 25~30 ℃为宜。

光照：喜阳光充足的环境。

水分：土壤干则浇水。

土壤：喜深厚、肥沃、湿润、排水性良好的中性土壤。

应用

柿树可用于庭院、园林、行道树栽植等。果实常经脱涩后作水果食用。柿子亦可加工制成柿饼，一年中都可随时取食。柿子可提取柿漆（又名“柿油”或“柿涩”），用于涂渔网、雨具，填补船缝和作建筑材料的防腐剂等。柿树木材的边材含量大，可用于做纺织木梭、线轴，又可做家具、箱盒、装饰用材，以及小用具、提琴的指板和弦轴等。

药用价值

柿子有清热润燥、润肺化痰、软坚、止渴生津、健脾、止痢、止血等功效，可以缓解大便干结、痔疮疼痛或出血、干咳、咽喉痛、高血压等症。

别名：朱果、猴枣 | 科属：柿科，柿属 | 果期：9 ~ 10 月

冬季常见观赏植物

冬天从 11 月中旬开始，到次年 2 月中旬结束，冬季在很多地区都意味着沉寂和冷清。植物在寒冷来袭的时候会减少生命活动，很多植物会落叶、枯萎，甚至走向死亡。

但是，仍有不少坚毅的植物迎着寒风，艰难生长，展现美丽姿态。

仙客来 *Cyclamen persicum* Mill.

“仙客来”一词来自其拉丁学名“*Cyclamen*”的音译，原产于地中海一带。经园艺学家不断进行品种改良和升级，美丽的仙客来已经在世界遍地开花。仙客来是中国山东青州的市花，也是1995年天津举办的第43届世界乒乓球锦标赛的吉祥物，同时是圣马力诺的国花。

花单生于花葶顶端，下垂

花萼通常分裂达基部

叶、花葶同时从块茎顶部抽出

特征识别

多年生草本。叶片心状卵圆形，边缘有细圆齿，叶面为绿色，叶背为绿色或暗红色。花葶高15~20厘米；花萼通常分裂达基部，裂片三角形或长圆状三角形；花冠为白色或玫瑰红色，喉部为深紫色。

生活习性

温度： 较耐寒，可耐0 ℃的低温。夏季处于半休眠，冬季适宜的生长温度为12~16 ℃。

光照： 性喜温暖，怕炎热，需要充足的阳光。

水分： 保持盆土湿润。

土壤： 播种土最好为富含腐殖质的沙壤土，并经细筛才能使用，土壤宜疏松。

叶片呈心状卵圆形，边缘有细圆齿

小贴士

仙客来对空气中的有毒气体二氧化硫有较强的抵抗能力。它的叶片能吸收二氧化硫，并经过氧化作用，将其转化为无毒或低毒的硫酸盐等物质。

应用

仙客来适宜盆栽观赏，可置于室内布置，尤其适宜在家庭中点缀于有阳光的几架、书桌上。因其株型美观、别致，花盛色艳，还有具香味的品种，深受人们青睐。仙客来还可用无土栽培的方法进行盆栽，清洁迷人，更适合作家庭装饰。

别名：萝卜海棠、兔耳花、兔子花、一品冠、篝火花、翻瓣莲 | 科属：报春花科，仙客来属 | 花期：10月至次年4月

白花丹 *Plumbago zeylanica* L.

白花丹是我们所熟知的中草药之一，生于污秽阴湿处或半遮阴的地方。分布于中国、南亚和东南亚各国，适宜在中国广东、广西、台湾、福建、四川、云南等地种植。白花丹除了野外的白花品种，园艺栽培上还有蓝花及红花品种。淡淡的蓝，给人一种优雅娴静的感觉，而喜气洋洋的红色白花丹更是少见的品种。这几个品种虽然是同一家族成员，但于不同季节开花，每个季节都带给人一种视觉上的享受。

萼管状，被有柄腺体

花冠高脚碟状

特征识别

常绿半灌木。直立，多分枝；叶片薄，通常为长卵形。穗状花序顶生或腋生，大多含 25~270 朵花；苞片狭长，卵状三角形至披针形；花萼先端有 5 片三角形小裂片；花冠白色或微带蓝白色。

生活习性

温度： 适合气候炎热的地区，以 20~25 ℃为宜。

光照： 喜温暖、湿润的环境。

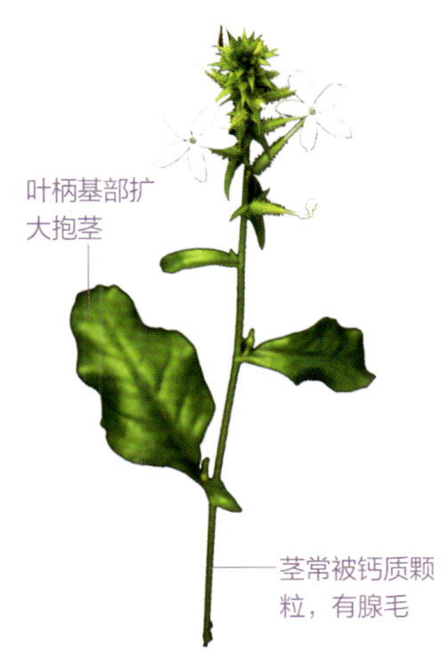

水分： 保持土壤湿润，但忌积水。

土壤： 宜选择土层深厚、疏松、肥沃，地势较高、排水性良好的地块种植。

应用

白花丹花色淡雅，是优良的观花植物。可盆栽观赏，也可片植、丛植于公园、庭园等绿地，还可应用于花境、花坛等。

繁殖方式

采用种子繁殖，把选好的种子按 5 厘米 ×10 厘米行距点播于备好的地上。4~5 月播种较好，条播或撒播，覆土以稍盖没种子为好，播好浇水，约 1 个月出苗。苗高 8~10 厘米即可移植。

药用价值

白花丹有祛风止痛、散瘀消肿的功效。根用于风湿骨痛、跌打肿痛、胃痛、肝脾肿大；叶外用于跌打肿痛、扭挫伤、体癣。取叶适量，捣烂敷于患处，一般外敷不宜超过 30 分钟，局部有灼热感即除去。

别名：照药、白雪花 | 科属：白花丹科，白花丹属 | 花期：10 月至次年 3 月

梅花 *Prunus mume* Siebold & Zucc.

梅花是中国十大名花之首，与兰花、竹、菊花一起列为“四君子”，与松、竹并称为“岁寒三友”。在中国传统文化中，梅花以它高洁、坚强、谦虚的品格，给人以立志奋发的激励。在严寒中，梅开百花之先，独天下而春。梅花原产于中国南方，已有 3000 多年的栽培历史，无论作观赏或果树，均有许多品种。

红褐色花萼

花 1~2 朵，具极短花梗

树皮浅灰色或稍带绿色，光滑无毛

特征识别

小乔木，稀灌木。高 4~10 米；树皮浅灰色或稍带绿色，平滑；小枝绿色，光滑无毛。叶片卵形或椭圆形，叶边常具小锐锯齿，灰绿色。花单生或有时 2 朵同生于 1 芽内，直径为 2~2.5 厘米，香味浓，先于叶开放；花萼通常为红褐色，但有些品种的花萼为绿色或绿紫色；花瓣倒卵形，白色至粉红色。果实近球形，直径为 2~3 厘米，黄色或绿白色，被柔毛，味酸；果肉与核粘贴；果核椭圆形，两侧微扁。

生活习性

温度： 喜温暖气候，但亦能耐 −25 ℃以上的气温，以 15~25 ℃为宜。

光照： 喜阳光充足的环境。

水分： 保持土壤湿润。

土壤： 喜疏松、肥沃、排水性良好、底土稍黏的湿润土壤。

应用

梅花可用于园林、庭院栽植或作盆栽等。鲜花可用于提取香精；花、叶、根和种仁均可入药；果实可盐渍或干制后食用，或熏制成乌梅入药，有止咳、止泻、生津和止渴的功效。

小贴士

盆栽梅花应放在通风、向阳处养护，过密或环境荫蔽，会使植株高而细弱。冬季多晒太阳，则花芽饱满粗壮、花色艳丽、姿态美观。

鲜切花养护

需要将其枝修剪一下，目的是去除多余的枝干，将底部的切口斜切一下，这样可以增加枝条的吸水面积；每隔 2~3 天换 1 次水，每次换水时应对底部枝条进行清洗或适当修剪，这样可以延长花期。

别名：梅、春梅 | 科属：蔷薇科，李属 | 花期：12 月至次年 2 月

结香 *Edgeworthia chrysantha* Lindl.

结香姿态优雅，十分惹人喜爱，适植于庭前、路旁、水边、石间、墙隅。北方多盆栽观赏。结香的枝条十分柔韧，用手摸上去，就像一根根橡胶条，可以轻松地弯折、打结，所以它还有个名字叫“打结花”。结香被称作“中国的爱情树”，因为很多恋爱中的人们相信，想得到长久的甜蜜爱情和幸福，只要在结香的枝上打 2 个同向的结，这个愿望就能实现。结香产自中国河南、陕西及长江流域以南等地。

花芳香，无梗，外面有白色丝状毛

花黄色，顶端 4 裂

幼枝常被短柔毛，极柔软而坚韧，叶痕大

叶基部楔形或渐狭

特征识别

灌木。小枝粗壮，褐色，常作三叉分枝，幼枝常被短柔毛，韧皮极坚韧；叶痕大，直径约 5 毫米。叶在花前凋落，长圆形、披针形至倒披针形。头状花序顶生或侧生，有 30～50 朵花，呈绒球状，外围有 10 片左右被长毛而早落的总苞；花黄色，顶端 4 裂，裂片卵形。

生活习性

温度：喜温暖气候，但亦能耐 -20 ℃以上的气温，以 15～25 ℃为宜。

光照：喜半阴的环境，以盛夏可避烈日、冬季可晒太阳为最好。

水分：保持土壤湿润。

土壤：喜肥沃、排水性良好的土壤。

应用

结香可用于庭院、园林栽植或作盆栽等。茎皮纤维可作高级纸及人造棉的原料；全株入药，能舒筋活络、消炎止痛，可治跌打损伤、风湿痛；也可作兽药，治牛跌打损伤。

病虫害防治

结香生长健壮，适应性强，病虫害少，无须特殊管理亦能开花。

别名：打结花、梦冬花 | 科属：瑞香科，结香属 | 花期：12 月至次年 3 月

茶梅 *Camellia sasanqua* Thunb.

茶梅产于长江以南地区，主产于中国江苏、浙江、福建、广东等沿江及南方各地。现在中国约有品种200个，全国各地广泛栽培，主要品种有洒金、粉茶梅、红茶梅、游蝶、小玫瑰、双色玫瑰、富士之峰、乙女、笑颜等。茶梅因叶似茶，花如梅而得名。茶梅体态秀丽、叶形雅致，作为一种优良的花灌木，在园林绿化中有广阔的发展前景。

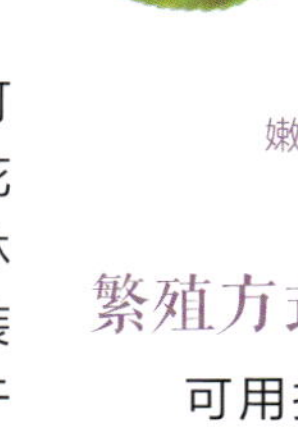

特征识别

常绿灌木或小乔木。树冠球形或扁圆形。树皮灰白色。叶互生，椭圆形至长圆卵形，革质，叶面有光泽。花多白色和红色，略芳香，重瓣或半重瓣；花色除有红色、白色、粉红色等外，还有红色、白色镶边等。

生活习性

温度： 较耐寒，以18～25 ℃为宜。

光照： 喜温暖、半阴的环境。

水分： 保持土壤湿润。

土壤： 喜富含腐殖质、湿润的微酸性土壤，以pH值在5.5~6为宜。

应用

树型优美、花叶茂盛的茶梅品种，可于庭院和草坪中孤植或对植；较低矮的茶梅可与其他花灌木配植于花坛、花境，或作配景材料，植于林缘、角落、墙基等处作点缀装饰；茶梅也可作盆栽，摆放于书房、会场、厅堂、门边、窗台等处，增添雅趣和异彩。

植株对比

山茶与茶梅既相似，也不同。二者首先是花不同，山茶的花呈倒卵圆形，花瓣基部连生，雄蕊呈筒状，花丝的颜色呈白色或淡黄色，雄蕊的子房没有茸毛；茶梅的花呈碟状，花瓣基部为离生，雌蕊比较短，簇拥在一起，雄蕊的子房生有茸毛。其次是嫩枝不同，山茶嫩枝上没有毛，茶梅嫩枝上有茸毛。

繁殖方式

可用扦插、嫁接、压条和播种等方法繁殖，一般多用扦插繁殖。扦插在5月进行，插穗选用5年以上母株上的健壮枝，基部带踵，剪去下部多余的叶片，保留2~3片叶即可。也可包切取单芽短穗作插穗，随剪随插。插床要遮阴，20~30天可生根，幼苗第二年可移植或上盆。

别名：茶梅花 | 科属：山茶科，山茶属 | 花期：11月至次年3月

山茶 *Camellia japonica* L.

山茶是世界名贵花木之一，在中国也是传统的观赏花卉。重庆、温州、金华、青岛等地都以山茶花为市花。山茶在中国的栽培历史可追溯到蜀汉时期，当时人们就非常看重山茶的地位，将山茶列为“七品三命”。资料记载，世界上登记注册的山茶品种已超过 2 万个，中国的山茶品种有 880 多个。山茶枝青叶秀，花色艳丽缤纷，花姿优雅，气味芬芳袭人，整个植株姿态优美，受到国际园艺界的珍视。山茶最宜用于庭园绿化，从文化内涵上看，它是一种传统的瑞花佳木，也是一种吉祥的喜树。

花瓣倒卵圆形

革质叶片，椭圆形，边缘有细锯齿

分枝较多，嫩枝无毛

特征识别

灌木或小乔木。高可达 9 米，嫩枝无毛。叶革质，椭圆形，先端略尖，或急短尖而有钝尖头，基部阔楔形，上面深绿色，干后发亮，无毛，下面浅绿色，无毛，侧脉 7~8 对，在上下两面均能见。花顶生，无柄；苞片及萼片约 10 片，组成杯状苞被，半圆形至圆形；花瓣 6~7 片，外侧 2 片近圆形，外面有毛。蒴果圆球形，2~3 室，每室内有种子 1~2 颗。

花丝的颜色是白色或淡黄色

蒴果圆球形，种子黑色

生活习性

温度： 喜温暖、湿润的气候，生长适温为 18~25 ℃。略耐寒，一般品种能耐 −10 ℃的低温，耐暑热，但超过 36 ℃时，生长受抑制。

光照： 喜光照充足的环境。

水分： 保持土壤湿润。

土壤： 喜酸性土壤，以腐殖质含量高的弱酸性土壤为宜。

应用

山茶的叶为浓绿色，有光泽，花艳丽缤纷，宜用于庭园绿化、植物造景，可作盆景造型；亦可用作插花、切花材料；还可大规模种植成专类园。山茶树的树干结实耐用，可用来制作家具；也可制得细致结实的木炭，燃烧持久，宜用来做炭雕等工艺品。

药用价值

在中国西南地区，民间常取山茶花花蕾供药用，视红色宝珠茶花为药用山茶。中医认为，山茶的果实可以凉血止血、散瘀消肿。

别名：茶花、山茶花 | 科属：山茶科，山茶属 | 花期：12 月至次年 3 月

虎尾兰 *Sansevieria trifasciata* Prain

虎尾兰品种较多，株型和叶色变化较大，对环境的适应能力强。主要品种有金边虎尾兰、银脉虎尾兰。虎尾兰能去除空气中的甲苯、甲醛、硫化氢、三氯乙烯等，可以吸收夜晚的二氧化碳，制造氧气。两盆中型虎尾兰可使10 平方米房间内的空气得到净化。它还能制造出更多的阴离子，从而改善房间内因电视、计算机开启造成的阴离子减少的现象。

叶基生，无茎，肥厚，半肉质

叶先端渐尖，并有一绿色硬尖头，边浅绿色

花被管状，先端 6 裂，基部膨大

特征识别

多年生草本。有根状茎；叶基生，半肉质，线状披针形，硬革质，直立，基部稍呈沟状；暗绿色，两面有浅绿色和深绿相间的横向斑带。花葶高 30~80 厘米，基部有淡褐色的膜质鞘；花淡绿色或白色，每 3~8 朵簇生，排成总状花序；花梗长 5~8 毫米，关节位于中部；花被长 1.6~2.8 厘米，花管与裂片长度约相等。

养护要点

虎尾兰耐旱，要求土壤偏干，生长期可每周浇水 1 次，冬眠季节可每 10~15 天浇水 1 次。春、夏季多施一些有机液肥，秋、冬季可逐渐减量。

生活习性

温度： 耐夏季高温，喜干，要避免闷蒸；气温超过 20 ℃后会进入生长期。不耐寒，所以冬天要放在 10 ℃以上的室内。

光照： 有一定的耐阴性，但需要适量阳光。阳光直射会灼伤叶子，要注意避免。

水分： 保持土壤湿润、稍偏干燥，春天到秋天每天浇 1 次水，待土壤表面干燥后充分浇水；但低温期会进入休眠状态，所以空气温度在 8 ℃以下时要断水。

土壤： 对土壤要求不严，以排水性较好的沙壤土为宜。

应用

虎尾兰可用于庭院栽植或作盆栽等，盆栽虎尾兰适合用于布置光线充足的书房、客厅和阳台，也可摆放在卧室。

别名：虎皮兰、千岁兰、锦兰 | 科属：天门冬科，虎尾兰属 | 花期：11 ~ 12 月

小贴士

虎尾兰的根系并不深，但选用高脚花盆，有利于株型的美观。要把植株种植在分量较沉的花盆中，以避免植株倾倒。一定要注意，不要破坏叶尖，因为这样会使植株停止生长。要不定期地擦拭叶片，保证叶片有光泽。当根长满花盆的时候需要换盆。

水培养护秘诀

水培虎尾兰要常保持周围环境湿润。春季是虎尾兰生长期，要多加水，每 5～10 天换 1 次水；夏季每 5 天换 1 次水；冬季每 10～15 天换 1 次水。每次换水时，用清水冲洗虎尾兰根部，并清洗器皿，顺便修剪枯叶。

鉴别

金边虎尾兰

多年生肉质草本。根茎部卷成筒状，叶片抽出时为筒状，随着叶片逐步升高，会渐渐展开平生。叶片肥厚，革质；叶浅绿色，正反两面具白色和深绿色的横向如云层状条纹，状似虎皮，表面有很厚的蜡质层。具香味，多不结实。

圆叶虎尾兰

茎较短或没有茎。叶肉质，细圆棒状，顶端尖而细，质硬，直立生长，有时稍弯曲。叶子表面为暗绿色，夹杂有横向的灰绿色虎纹斑。总状花序，呈白色或淡粉色。

朱蕉 *Cordyline fruticosa* (Linn) A.Chevalier

朱蕉是一种天门冬科观叶性植物，分布于中国南部热带地区。朱蕉有很多品种，如亮叶朱蕉、锦朱蕉、斜纹朱蕉、夏威夷小朱蕉、五彩朱蕉等。朱蕉可以净化室内空气，叶片和根部能够吸收甲醛等有毒气体，并将它们分解为无毒物质。朱蕉还有吸附空气中悬浮颗粒的功能，起到降尘的作用。小朱蕉适宜水养，本身根系肉质而雪白，扦插也容易长出白色根系。

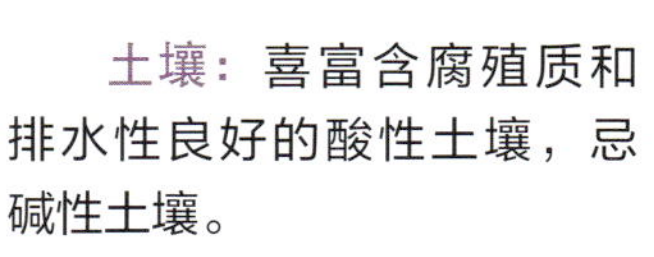

叶柄基部变宽，抱茎

高 1~3 米

叶顶端渐尖，基部渐狭

特征识别

灌木。茎直立，有时稍分枝。叶聚生于茎或枝的上端，矩圆形至矩圆状披针形，绿色或带紫红色，叶柄有槽，基部变宽，抱茎。圆锥形花序长 30~60 厘米，侧枝基部有大的苞片，每朵花有 3 片苞片；花淡红色、青紫色至黄色，长约 1 厘米；花梗通常很短，较少长 3~4 毫米；外轮花被片下半部紧贴内轮而形成花被筒，上半部在盛开时外弯或反折；雄蕊生于花筒的喉部，稍短于花被；花柱细长。

生活习性

温度： 喜高温、多湿气候，以 20~25 ℃为宜。

光照： 半阴植物，不能忍受夏季的烈日暴晒，但在完全荫蔽处，叶片又易发黄，故最好半日照。

水分： 保持土壤湿润。

土壤： 喜富含腐殖质和排水性良好的酸性土壤，忌碱性土壤。

应用

盆栽朱蕉适用于室内装饰，可点缀客厅和窗台，优雅别致。数盆摆设于橱窗、茶室，更显典雅高贵；也可以栽植在庭院中。

植株对比

朱蕉与龙血树在叶形、叶色和株型上都很相似，只有根汁颜色不同，朱蕉为白色，龙血树为黄色。

圆锥形花序，侧枝基部有大的苞片

鉴别

亮叶朱蕉

常绿灌木或小乔木。高约 3 米，茎干直立，少有分枝。叶片剑形或阔披针形至长椭圆形，绿色，带红色条纹，色泽亮丽。花淡红色至紫色，圆锥形花序生于上部叶腋，小花管状。浆果红色。

别名：朱竹、铁莲草、红铁树、红竹 | 科属：天门冬科，朱蕉属 | 花期：11 月至次年 3 月

长寿花 *Kalanchoe blossfeldiana* Poelln.

长寿花为秋植球根类温室花卉，生命力顽强。原仅分布于伊比利亚半岛，但较早时期就常用作园艺植物，因此散生于法国南部、意大利和克罗地亚的达尔马提亚群岛，中国引种栽培供观赏。长寿花特别容易繁殖，所以在很多养长寿花的家庭里可以看到一个非常有趣的景象：数十盆不同花色的长寿花满满当当地摆放一阳台，同时绽放时，犹如冬季里的一片花海，蔚为壮观，绚丽的色彩给寒冷的冬季增添了浓浓的暖意。

茎直立生长

粉色长寿花

特征识别

多年生肉质草本。单叶相对互生，叶片长圆状匙形或椭圆形，边缘有波状钝齿；绿色，叶片边缘呈红色。花序的顶端聚集花朵，呈伞状，每株有花序 5～7 个，着花 60～250 朵；花色有绯红色、橙红色、黄色和白色等；花被管纤细，圆筒状。

生活习性

温度：喜温暖环境，以 15～25 ℃为宜。

光照：喜阳光充足的环境。

水分：保持土壤湿润。

土壤：喜疏松、肥沃、土层深厚的冲积沙壤土。

应用

长寿花花期临近圣诞节，而且花期长，因此成为人们衬托节日气氛的“节日用花”。此花有很高的观赏价值，不开花时还可以赏叶，是非常理想的室内盆栽花卉。植株小巧玲珑、株型紧凑、叶片翠绿、花朵密集，是冬、春季理想的室内盆栽花卉。

小贴士

长寿花叶片肥厚，能有效地吸附空气中的粉尘。夜晚可以吸收二氧化碳，释放氧气。长寿花的花香还能辅助杀灭空气中的病原菌，是室内必不可少的盆栽花卉。

别名：寿星花、假川莲、圣诞伽蓝菜 | 科属：景天科，伽蓝菜属 | 花期：12 月至次年 5 月

水仙 *Narcissus tazetta* subsp. *chinensis* (M.Roem.) Masamura & Yanagih.

水仙在中国已有1000多年栽培历史，经上千年的选育而成为世界水仙花中独树一帜的佳品，为中国十大传统名花之一。中国水仙花独具特色，芬芳清新，素洁幽雅，超凡脱俗。因此，人们自古以来就将其与兰花、菊花、菖蒲并列为“花中四雅”；又将其与梅花、山茶、迎春花并列为“雪中四友”。中国水仙是草本花卉中少有的可雕刻的珍品，经雕刻师的巧手雕刻、水养，可塑造成各式各样、千姿百态的水仙花盆景，集奇、特、巧、妙、雅于一身，堪称“百花园中的奇葩”。

花瓣倒卵形，扩展而向外反，白色

花蕊外的黄色保护罩

叶基生，扁平直立，质厚，带形

特征识别

肉质根乳白色、圆柱形，质脆弱，易折断。球茎为圆锥形或卵圆形，球茎外皮有黄褐色纸质薄膜。叶为扁平带状，苍绿色，叶面上有霜粉，先端钝，无叶柄。伞状花序，花序轴从叶丛中抽出，绿色，圆筒形，中空，外表有明显的凹凸棱形，表皮有蜡粉；小花呈扇形，着生在花序轴顶端，外有膜质佛焰苞包裹，筒状；花瓣多为6片，花瓣末处呈鹅黄色；花蕊外面有1个如碗一般的黄色保护罩。

生活习性

温度： 喜温暖的环境，不耐寒。

光照： 喜欢阳光充足的环境，也耐半阴。

水分： 保持土壤湿润，排水通畅。

土壤： 以疏松、肥沃的微酸性沙壤土为宜。

别名：凌波仙子、雪中花、落神香妃、玉玲珑 | 科属：石蒜科，水仙属 | 花期：1～3月

鉴别

南美水仙

叶宽大，深绿色，有光泽。顶生伞形花序，着生花 5~7 朵，花为纯白色，有芳香；花冠筒圆柱形，中央生有 1 个副花冠，花瓣开展，呈星状；花朵硕大，洁白无瑕，姿态优雅，亭亭玉立。

洋水仙

鳞茎球形。叶 4~6 片，直立向上，宽线形，粉绿色，钝头。花茎高约 30 厘米，顶端生花 1 朵；佛焰苞状；花被管倒圆锥形，花被裂片长圆形，淡黄色；副花冠浅杯状，边缘红色。

秋水仙

球茎卵形，外皮黑褐色。茎极短，大部分埋于地下。每葶开花 1~4 朵，花蕾呈纺锤形，开放时似漏斗，淡粉红色或紫红色；秋季开淡红色花，次年春天长出暗绿色叶子。

养护要点

盆栽水仙宜放在阳光充足、通风良好而又远离暖气、火炉的地方。花蕾欲开放时，需移至室内阴凉处，避免阳光直射，保持室温恒定少变。

植株对比

水仙的球茎为圆柱形或卵圆形；郁金香的球茎为扁

圆锥形或扁卵圆形。水仙的叶子为扁平带状；郁金香的叶子为带状披针形至卵状披针形。水仙的小花为扇形，颜色单一；郁金香花朵为直立杯状，颜色丰富。

繁殖方式

侧球繁殖和侧芽繁殖较为常用。侧球是利用母球上生出的子球作为种球。侧芽则来自包在鳞茎球内部的芽。进行球根阉割时，将白芽捡出，秋季撒播在苗床上，次年可产生新球。

应用

水仙花清香怡人，一般水养栽培，可以摆放在客厅、餐厅或书房的桌案上，也可用于园林栽培。鳞茎还可以被用来入药，具有清热解毒、散结消肿等功效；通过提炼，可用来制作香水、香料或化妆用品；水仙花还可以制成高档花茶。

水仙对于清洁家居环境有很不错的效果。放在厨房，有一定的吸油烟作用。放在客厅或书房，也能够有效地吸收家中释放出来的废气，起到净化空气的作用。

小贴士

水仙花的鳞茎有毒，其浆汁含有拉可丁毒素，毒性比较强，误食之后会产生呕吐、腹痛的症状。

中国水仙的球茎为圆锥形或卵圆形，球茎外被黄褐色纸质薄膜，称球茎皮

蜡梅 *Chimonanthus praecox* (L.) Link

蜡梅是原产于中国的传统名花，为落叶灌木。蜡梅入冬初放，斗寒傲霜，是冬季赏花的理想名贵花木。蜡梅的特点在于能在冰天雪地里傲然开放，花黄似蜡，浓香扑鼻。蜡梅的花是制作高级花茶的香花之一。蜡梅本非梅类，因其与梅开花的时间相近，香味也相似，因此叫“蜡梅”。

花生于叶腋，蜡黄色

幼枝四棱形，老枝圆柱形

鳞芽通常着生在第二年生的枝条叶腋上

花丝向内弯曲

果托近木质化，口部收缩

特征识别

幼枝四棱形，老枝圆柱形，灰褐色。叶卵圆形、椭圆形、宽椭圆形至卵状椭圆形，有时长圆状披针形。先花后叶，气味芳香，花被片圆形、长圆形、倒卵形、椭圆形或匙形，内部花被片比外部花被片短。瘦果椭圆形，深紫褐色，疏生细白毛，内有种子1颗。

生活习性

温度： 耐寒，在不低于−15 ℃时能安全越冬。

光照： 喜阳光充足的环境，稍耐阴。在庭院种植时，可将其放在避风、向阳的院墙边上，保证有足够的直射阳光照射。

水分： 浇水应掌握“见干见湿”的原则，避免盆内积水。

土壤： 喜土层深厚、肥沃、疏松、排水性良好的微酸性沙壤土。

应用

蜡梅多丛植于公园、窗前、林缘或草坪一角欣赏；花枝可用于插花；对氯气及二氧化硫有较强的抗性，适合在厂矿区栽培观赏。

植株对比

蜡梅的叶卵圆形、椭圆形、宽椭圆形至卵状椭圆形，有时长圆状披针形，表面比较粗糙，花圆形、长圆形、倒卵形、椭圆形或匙形；梅花的叶呈椭圆形，表面光滑。蜡梅的花多为蜡黄色，香气浓郁；梅花的颜色比较丰富，有白色、粉色、红色等，花香较淡。

繁殖方式

蜡梅的繁殖以嫁接为主，并以切接的成活率最高，也可采用靠接和芽接。切接多在3~4月进行，当叶芽萌动而有麦粒大小时，嫁接最易成活。

鲜切花养护

蜡梅可以插在花瓶中加水养护。先剪除多余的枝干，将枝条底部进行45°斜剪，增加触水面积；插水养护后放在通风、有散光照射的位置，避免高温和强光直射的环境。

别名：金梅、蜡花、蜡梅花 | 科属：蜡梅科，蜡梅属 | 花期：11月至次年3月

第 五 章

四季开花的植物

俗话说得好，“人无千日好，花无百日红”。很多植物的花期都是比较短暂的，但有些植物偏偏反其道而行，能适应春日的微风、夏日的暴晒、秋日的霜雨与冬日的凛冽，一年四季花开不断，经久不息。

朱槿 *Hibiscus rosa-sinensis* L.

朱槿在古代就是一种受欢迎的观赏性植物，原产地为中国。在西晋时期的一本著作《南方草木状》中就已出现朱槿的记载。花大色艳，主供园林观赏用。在全世界，尤其是热带及亚热带地区多有种植。欧美园艺学家为方便养花者，将朱槿专门生产成罐装花卉。朱槿的叶子形状像桑叶，由于花朵大、花色多为红色，所以岭南一带俗称为“大红花”。朱槿花为中国广西省南宁市市花，南宁国际会展中心主建筑穹顶造型便是一朵绽放的硕大朱槿花，12 片花瓣意喻广西 12 个少数民族团结在一起。

花大色艳，花期长

叶片边缘呈锯齿状

叶柄长 5~20 毫米，上面被长柔毛

特征识别

直立灌木。枝条灰白色；叶 3～5 片轮生，椭圆形或倒卵状长圆形。聚伞花序顶生；苞片披针形；花冠漏斗状，内面有红褐色条纹，下部圆筒状；花色为玫瑰红色或淡红色、淡黄色等；花萼深 5 裂，裂片披针形。

生活习性

温度：喜温暖环境，以 20～30 ℃为宜。

光照：喜阳光充足的环境。

水分：保持土壤湿润。

土壤：喜富含有机质、pH 值在 6.5~7 的微酸性壤土。

应用

朱槿枝条开展，花大而艳，可栽种于庭院中观赏，也可作盆栽，摆放在阳台、窗台等光照充足的室内。

小贴士

朱槿可以吸收空气中的苯和氯气。在新装修的房子里或新买的家具旁摆放一盆朱槿，对吸收有毒气体很有效果。

植物文化

马来西亚称朱槿为“班加拉亚”，意为“大红花”，把朱槿当作马来西亚民族热情和爽朗的象征，比喻烈火般热爱祖国的激情。夏威夷大面积栽种朱槿，让人看到朱槿就会想起碧海蓝天的沙滩和腰挂草裙的土著美女。斐济人每年 8 月都举行传统的“扶桑节”，历时 7 天，节日期间，人们用红色的朱槿花装饰大街小巷、牌楼彩车，张灯结彩，盛装游行，节日的高潮环节是评选出 3 名“扶桑皇后”，并为她们戴上插满红色朱槿花的美丽皇冠，十分隆重。

别名：大红花、扶桑 | 科属：锦葵科，木槿属 | 花期：全年

鉴别

美丽美利坚

常绿灌木。小枝圆柱形，疏被星状柔毛。叶阔卵形或狭卵形，两面除背面沿脉上有少许疏毛外均无毛。花单生于上部叶腋间，常下垂；花冠重瓣，深玫瑰红色，花瓣倒卵形，先端圆，外面疏被柔毛。蒴果卵形，平滑无毛，有喙。花期为全年。是朱槿的园艺品种，具有较高的观赏价值。

波希米亚之冠

常绿灌木。小枝圆柱形，疏被星状柔毛。叶阔卵形或狭卵形，两面除背面沿脉上有少许疏毛外均无毛；托叶线形，被毛。花单生于上部叶腋间；花冠重瓣，花黄色，可变为橙色，外面疏被柔毛；雄蕊平滑无毛。蒴果卵形，平滑无毛，有喙。花期为全年。

单瓣玫红

常绿灌木。小枝圆柱形，疏被星状柔毛。叶阔卵形或狭卵形，两面除背面沿脉上有少许疏毛外均无毛。花单生于上部叶腋间，常下垂；花冠单瓣，玫瑰红色；花瓣倒卵形，先端圆，外面疏被柔毛。蒴果卵形，长约2.5 厘米，平滑无毛，有喙。花期为全年。

呼啦圈少女

常绿灌木。小枝圆柱形，疏被星状柔毛。叶阔卵形或狭卵形，两面除背面沿脉上有少许疏毛外均无毛。花单生于上部叶腋间，常下垂；花冠单瓣，花大，花朵直径为 15 厘米，黄色渐变为橙红色，具深红色花心；花瓣倒卵形，先端圆，外面疏被柔毛。蒴果卵形，平滑无毛，有喙。花期为全年。它是朱槿的园艺品种，具有较高的观赏价值。

虎刺梅 *Euphorbia milii* var. *splendens* (Bojer ex Hook.) Ursch et Leandri

虎刺梅原产于非洲马达加斯加岛西部，中国有引种，各地广泛栽培。虎刺梅为常见的室内盆栽观花植物，嫩茎柔软，花序的总苞片非常美丽，还可绑扎成各种造型，非常有趣。

特征识别

蔓生灌木。茎稍具攀缘性，多分枝，茎上有灰色粗刺。叶互生，通常集中于嫩枝上，倒卵形或长圆状匙形。花小，常 2 朵结成一簇开放，各花簇聚成二歧聚伞花序；苞叶 2 片，肾圆形；总苞钟状，边缘 5 裂。

生活习性

温度：生长适温为 15~32 ℃。

光照：喜温暖、阳光充足的环境。

水分：土壤干透时则浇足水 。

土壤：喜疏松、排水性良好的腐叶土。

小贴士

虎刺梅有小毒，在修剪及扦插时注意不要让皮肤沾上汁液。

植物文化

虎刺梅又名“麒麟花”，借“虎”与“麒麟”之势，镇宅保家，驱除污秽，同时也能体现主人的沉稳。

病虫害防治

虎刺梅易得茎枯病和腐烂病，可用克菌丹标准溶液，每半月喷洒 1 次。虫害有粉虱和蚧壳虫，可用杀螟松乳油溶液喷杀。

应用

虎刺梅是室外观赏盆花，可单株在庭院内陈设，也可插花用作主体陈设。北方地区主要在室内栽培观赏，也是宾馆、商场等公共场所摆设的精品花卉。

药用价值

虎刺梅可入药，味苦涩，性凉，有毒，有拔毒消肿、凉血止血的功效，可治跌打损伤及疮肿；叶子外用可拔除扎入皮肉的竹木刺。

别名：铁海棠、麒麟花 | 科属：大戟科，大戟属 | 花期：全年

龙船花 *Ixora chinensis* Lam.

龙船花原产于中国南部地区和马来西亚，在 17 世纪被引种到英国，后传入欧洲各国，广泛应用于盆栽观赏，荷兰、美国和日本栽培较多。中国栽培龙船花应在 16 世纪末，多在南方庭院栽培观赏。17 世纪末，台湾地区从广东首次引入龙船花。到 20 世纪 20 年代，中国广东和台湾地区从新加坡引进新的栽培品种；80 年代开始，从欧美引进杂交新品种，使中国龙船花的栽培品种更加丰富，并从南方的庭院观赏更多地转向盆栽观赏。

嫩枝扁圆形，两侧微凹

花瓣 4 片，平展

特征识别

灌木。小枝初时深褐色，老时呈灰色。叶对生，或由于节间距离极短，呈 4 片轮生，披针形、长圆状披针形至长圆状倒披针形。花序顶生，多花；花冠红色或红黄色，顶部 4 裂，裂片倒卵形或近圆形。

生活习性

温度：喜高温环境，以 23～32 ℃为宜。

光照：喜阳光充足的环境。

水分：保持土壤湿润。

土壤：喜富含有机质的沙壤土或富含腐殖质的土壤。

应用

龙船花株型美观，花色鲜艳，花期长，宜作盆栽观赏。在华南地区，可在园林中丛植，或与山石配植。

小贴士

在选择室内摆放位置的时候，首先考虑的是通风良好、有适当阳光照射的阳台、窗台等位置。龙船花不宜摆放在通风和光线不好的空调底下。

养护要点

培育期施基肥；生长期再追施 2~3 次液肥；开花期用等量的三要素肥料，浓度为 0.2%，每周施肥 1 次。扦插前，使用 0.5% 的吲哚丁酸溶液浸泡插穗基部 3~5 秒，可缩短生根期，使根系特别发达。如发现叶片发黄，可施矾肥水。

别名：仙丹花、英丹花 | 科属：茜草科，龙船花属 | 花期：全年

兜兰 *Cypripedium tibeticum* Franch.

兜兰是目前世界上最普及的兰花之一。大多数兜兰直接生长在地上，还有少数兜兰附生在岩石上。中国共生长着十几种兜兰，主要分布在华南和西南地区。此外，喜马拉雅山至西亚地区、印尼群岛上也有兜兰的踪迹。兜兰的花朵形态非常奇特，花唇部位呈现一个口袋的形状，就像身前装有一个小兜，因此而得名“兜兰”。还有人形象地称兜兰为“拖鞋兰”。

花葶高 10~15 厘米

花大而艳丽，
花瓣向下垂

叶基生，近无柄

特征识别

茎比较短。革质叶片近基生，叶片为带形或长圆状披针形，绿色或有红褐色斑纹。花葶从叶丛中抽出，花形十分奇特，有耸立在 2 片花瓣上呈拖鞋形的大唇，还有 1 个背生的萼片；背萼特别发达，2 片侧萼合生在一起。花瓣较厚，颜色从黄色、绿色、褐色到紫色都有，并带有各种艳丽的花纹。

生活习性

温度： 喜温暖、半阴环境，以 18～30 ℃为宜。

光照： 喜光照充足的环境。

水分： 保持土壤湿润。

土壤： 喜疏松、排水性良好、肥沃适度的土壤。

小贴士

兜兰全株密被的茸毛可吸附粉尘，净化室内空气。兜兰的根可以入药，具有调经活血、消炎止痛的功效，主治月经不调、痛经、闭经等。

应用

兜兰的株型秀美、花型奇特、花色丰富、花大色艳。小型盆栽可置于书桌案头或卧室窗台，大型盆栽可置于厅中一角或走廊门口处。

鉴别

杏黄兜兰

革质带形的叶基生，数片至多片。花葶自叶丛中长出，其花含苞时呈青绿色，初开时为绿黄色，全开时为杏黄色，后期为金黄色；花瓣较厚。

同色兜兰

花冠为淡黄色或罕有近象牙白色，上有紫色细斑点；中萼片为宽卵形，先端钝或急尖，两面均有微柔毛，边缘多有茸毛，尤以上部为甚；合萼片与中萼片相似。

别名：拖鞋兰 | 科属：兰科，杓兰属 | 花期：全年

大花蕙兰 *Cymbidium hybrid*

大花蕙兰是对兰属中通过人工杂交培育出的、色泽艳丽、花朵硕大的品种的统称。兰属植物有近 50 种，目前用来作杂交亲本的原生种有近 20 种，主要是大花的附生类及少量地生类。大花蕙兰原产于中国西南地区，常野生于溪沟边和林下的半阴环境。大花蕙兰具有较高的观赏价值，有艳丽的花朵、修长的剑叶，花形整齐且质地坚挺，经久不凋，是人们喜爱的观赏植物。

总状花序，内轮为花瓣

特征识别

常绿多年生附生草本。假鳞茎粗壮。叶片 2 列，长披针形。花序较长，小花数量一般多于 10 朵；花瓣 6 片，外轮 3 片为萼片，花瓣状；花大型，花色有白色、黄色、绿色、紫红色，或者带有紫褐色斑纹。

生活习性

温度： 以 10~25 ℃为宜。

光照： 喜光照充足的环境。

水分： 保持土壤湿润。

土壤： 喜疏松、排水性良好、肥沃适度的土壤。

应用

大花蕙兰植株挺拔，花茎直立或下垂，花大色艳，主要用作盆栽观赏。适合在室内花架、阳台、窗台摆放，更显典雅豪华，有较高品位和韵味。如多株组合成大型盆栽，适合布置于宾馆、商厦、车站和空港厅堂，气派非凡，惹人注目。

小贴士

大花蕙兰虽然较耐寒，但若温度过低，是不可承受的。在购买回家途中有可能受到冷空气的吹袭，对叶片或花朵造成伤害。大花蕙兰当时并不会表现出来，过几天后，症状才慢慢出现。对于这种类型的受害花卉，只能剪去黄化叶片，慢慢调理，但一般不会致死。

别名：喜姆比兰、蝉兰 | 科属：兰科，兰属 | 花期：全年

四季桂 *Osmanthus fragrans* 'Semperflorens'

四季桂是木樨属桂花的变种。与其他品种最大的区别就是它长年开花，但是其花香也是众多桂花中最淡的，几乎闻不到香味。四季桂原产于地中海一带，中国浙江、江苏、福建、台湾、四川及云南等地区有引种栽培。

特征识别

常绿灌木或小乔木。树干分枝多而短，树冠圆柱形或塔形，树皮呈灰白色，多皮孔。叶对生，革质，边缘有锯齿，长披针形，表面淡绿色，背面灰绿色，幼芽淡紫红色。伞形花序腋生，1~3 个成簇状或短总状排列；开花前由 4 片交互对生的总苞片包裹，呈球形；总苞片近圆形，外面无毛，内面被绢毛；雌雄异株，花小，乳白色或黄色，香味淡，一年开四次花。核果长椭圆形，较小。萌芽力强。

生活习性

温度：喜温暖环境，以 20～30 ℃为宜。

光照：喜阳光充足的环境。

水分：保持土壤湿润。

土壤：喜肥沃疏松、略带酸性和排水性良好的土壤。

应用

四季桂常植于园林内、道路两侧、草坪和院落等地，是机关、学校、军队、企事业单位、街道和家庭的最佳绿化树种。由于它对二氧化硫、氟化氢等有害气体有一定的抗性，所以也是工矿区绿化的优良花木。它与山、石、亭、台、楼、阁相配，更显端庄高雅、悦目怡情。同时，它还是盆栽的上好材料，做成盆景后能观形、识花、闻香，可谓“一举三得”。

除此之外，桂木材质硬、有光泽、纹理美丽，是雕刻的良材。

鉴别

月桂

常绿小乔木或灌木。树冠卵圆形，分枝较低，小枝绿色，全株有香气。叶互生，革质，广披针形，边缘波状，有清香。单性花，雌雄异株，伞形花序簇生于叶腋，小花呈淡黄色。

天香台阁

常绿灌木或小乔木。树皮呈暗灰色，皮孔小，椭圆形；小枝挺拔向上生长。叶对生，单叶，革质，全缘，两面通常具腺点；具叶柄。花萼钟状，4 裂；花部器官独特，花中藏叶，花中有花，呈台阁现象；花色随季节呈周期性变化，呈乳白色、淡黄色、金黄色等。

别名：月月桂 | 科属：木樨科，木樨属 | 花期：全年

长春花 *Catharanthus roseus* (L.) G. Don

长春花原产于地中海沿岸、印度、热带美洲。台湾地区培育出多个品种，育种以花朵越大为趋势。中国栽培长春花的历史不长，主要在长江以南地区栽培。长春花全草入药，可止痛、消炎、安眠、通便及利尿等。长春花的嫩枝顶端每长出 1 片叶，叶腋间即冒出 2 朵花，因此它的花朵多、花期长、花势繁茂、生机勃勃，故有“日日春”之美名。

具花梗，花瓣 5 片

叶先端圆，基部楔形或圆形，全缘

花瓣倒卵形，先端圆，有突尖

特征识别

多年生草本。略有分枝；茎近方形，有条纹。叶膜质，倒卵状长圆形。聚伞状花序腋生或顶生，有花 2～3 朵；花萼 5 深裂；花冠红色或粉红色，高脚碟状，内面有疏柔毛，喉部紧缩；花冠裂片宽倒卵形。

生活习性

温度：喜高温，以 20～33 ℃为宜。

光照：喜光照充足的环境。

水分：保持土壤干燥。

土壤：盐碱土壤不适宜，以排水性良好、通风透气的砂质土或富含腐殖质的沙壤土为好。

应用

长春花可作盆栽观赏，也可片植于公园、庭园等绿地，还可应用于花境、花坛。

小贴士

虽然长春花可入药，但全株都有毒性。误食后，会引起白细胞减少、血小板减少、肌肉无力、四肢麻痹等症状。

鉴别

杏喜

株高 25 厘米，花粉红色，直径 4 厘米，红眼。

椒样薄荷

花白色，红眼。

蓝珍珠

花蓝色，白眼。

热情

花深紫色，黄眼，直径 5 厘米。

冰粉

花粉红色，一般不带眼。

亮眼

花白色，深玫瑰红眼。

别名：金盏草、四时春、日日春 | 科属：夹竹桃科，长春花属 | 花期：全年

洋紫荆 *Bauhinia variegata* L.

树形优美，中南半岛有分布。花美丽而略有香味，花期长，生长快，为良好的观赏及蜜源植物，在热带、亚热带地区广泛栽培。

带状荚果，内有多数种子

特征识别

常绿乔木。树皮暗褐色。叶近革质，广卵形至近圆形。总状花序侧生或顶生，少花；总花梗短而粗；苞片和小苞片卵形，极早落；花大，近无梗；花瓣倒卵形或倒披针形，紫红色或淡红色。荚果带状，扁平。

生活习性

温度：不耐寒，以 20~25 ℃为宜。

光照：喜温暖、光照充足的环境。

水分：保持盆土湿润。

土壤：喜土层深厚、肥沃、排水性良好的偏酸性沙壤土。

应用

洋紫荆可作为行道树、庭荫风景树等。木材坚硬，可做农具；树皮含单宁；根皮用水煎服，可治消化不良；花芽、嫩叶和幼果可食。

植株对比

紫荆的叶为纸质，呈近圆形或三角状圆形；洋紫荆的叶近革质，呈广卵形至近圆形。紫荆的花为紫红色或粉红色，簇生于老枝和主干上，越是幼嫩的枝条上花越少，所以又被称为“满条红”；洋紫荆的花为伞状花序或锥形花序，花瓣5片，花色比紫荆稍淡。

别名：红紫荆、宫粉羊蹄甲 | 科属：豆科，羊蹄甲属 | 花期：全年

富贵竹 *Dracaena sanderiana*

富贵竹原产于加那利群岛及非洲和亚洲热带地区。20 世纪 80 年代后期被大量引进中国。富贵竹的美与它吉祥的名字分不开，它具有细长的叶子、翠绿的叶色，其茎节表现出貌似竹节的特征，却不是真正的竹。中国素有“花开富贵，竹报平安”的祝词，故而富贵竹深得人们喜爱。富贵竹容易栽培，观赏价值高，并象征“大吉大利”，故而得名。

钟状的紫色花朵

特征识别

多年生常绿亚灌木。株高 1 米以上，植株细长，直立，上部有分枝。叶互生或近对生，纸质，长披针形，有短柄，浓绿色。伞形花序，有花 3～10 朵生于叶腋或与上部叶对花，花被 6 片；花冠钟状，紫色。

生活习性

温度：喜温暖的环境，生长适温为 18~24 ℃，一年四季均可生长，低于 13 ℃则植株进入休眠状态。

光照：喜半阴的环境。

水分：生长期保持土壤湿润。

土壤：喜排水性良好的砂质土或半泥沙及冲积层黏土。

应用

富贵竹可用于庭院栽植或作盆栽等，盆栽用于布置居室、书房、客厅等，可置于案头、茶几和台面上。

水培养护秘诀

富贵竹与其他水培植物有很大的不同，其中之一是不需要经常换水。富贵竹生根后几乎不再需要换水，直接往容器里加水就可以了。但是发现容器中的水有异味时，要及时换水。夏天天气闷热时要往叶面上喷水；冬季要减少喷水；其他生长季节每隔 2～3 天喷 1 次水即可。

别名：竹塔、万年竹、万寿竹 | 科属：天门冬科，龙血树属 | 花期：全年

酒瓶兰 *Beaucarnea recurvata* Lem.

酒瓶兰原产于墨西哥东部的塔毛利帕斯州、韦拉克鲁斯州和圣路易斯波托西，1870 年被法国人发现，现在于世界各地作为观赏植物被广泛地种植。中国长江流域广泛栽培，北方多作盆栽。酒瓶兰的根部隆起，因此又被叫作“酒瓶树”或“象腿树”。树干顶端长有浓密的带状细叶，呈玫瑰花结状。酒瓶兰易于种植，无须过多照管。酒瓶兰净化室内多种有毒气体的能力强，蒸腾作用效率高，有利于增加室内的负氧离子浓度，提高室内湿度。

叶下垂，叶缘具细锯齿

茎干具有厚木栓层的树皮，龟裂成小方块

特征识别

株高一般 2~3 米，可达 10 米。地下根肉质，茎直立，下部较肥大，状似酒瓶；单一的茎顶端长出带状内弯的革质叶片，叶线形，全缘或细齿缘，下垂，叶缘有细锯齿。圆锥形花序，花小，白色。

生活习性

温度： 生长适温为 16~28 ℃。

光照： 喜温暖、光照充足的环境。

水分： 生长期保持土壤湿润。

土壤： 喜排水性良好的沙壤土。

应用

酒瓶兰可用于园林栽植或作盆栽，小型盆栽可以放在客厅、书房、玄关等处进行装饰，能够带给人别致的感觉；中大型盆栽可用来布置会场、厅堂、会议室等，也有很好的观赏性。

养护要点

植株在冬季进入休眠或半休眠期，要把瘦弱、病虫、枯死、过密等枝条剪掉。

灰白色或褐色的茎干较挺拔，下部较肥大

别名：酒瓶树、象腿树 | 科属：天门冬科，酒瓶兰属 | 花期：全年

第六章

家庭常见多肉观赏植物

近年来，多肉植物因其种类繁多、形状奇特、色彩丰富、受季节限制少等特点风靡全球。多肉植物凭借可爱的外形、肥厚的叶片、不经意间开出的小花及能在手中把玩的娇小身躯，越来越受到消费者的喜爱。

老乐柱 *Espostoa lanata* (Kunth) Britton et Rose

茎顶端的毛长而密

茎粗 7~9 厘米

老乐柱原产于厄瓜多尔和秘鲁，中国引种栽培较多，生长在海拔 500~2000 米的地方。它是毛柱形仙人掌原始种类的代表种。

特征识别

幼株为椭圆形，老株为圆柱形。基部易出分枝，鲜绿色；茎粗 7~9 厘米，高 1~2 米，有 20~25 个直棱；植株的茎密被白色的丝状毛，有多枚黄白色细针状周刺，黄白色中刺 1~2 枚。夏季开白色钟状花。

生活习性

温度： 生长适温为 20~28 ℃。

光照： 喜阳光充足的环境。

水分： 生长期保持土壤稍湿润。

土壤： 喜排水性良好的沙壤土。

应用

老乐柱可作盆栽，置于阳台或布置沙漠景观等。

别名：无 | 科属：仙人掌科，老乐柱属

皮氏石莲 *Echeveria peacockii* Baker

叶片先端有1个小尖

叶片较薄

皮氏石莲原产于墨西哥，喜欢温暖干燥和阳光充足的环境。皮氏石莲是少见的可水培多肉。剪取皮氏石莲的一段顶茎，将其插于土中，待长出白色根系后转水培。秋季可在水中加少量营养液，夏、冬季用清水即可。

特征识别

中小型品种。叶片匙形，叶片呈莲座状密集排列，相对较薄，叶缘光滑、无褶皱，有叶尖，叶心绿色，两边是浅黄色或浅白色的锦；叶片有微白粉，新叶色浅、老叶色深。穗状花序，花倒钟形，黄红色。

生活习性

温度： 生长适温为 15~35 ℃。

光照： 喜阳光充足的环境。

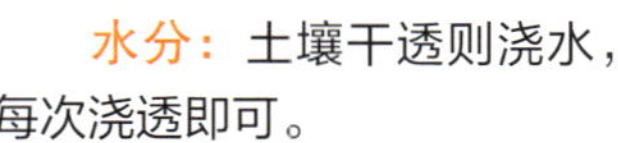

水分： 土壤干透则浇水，每次浇透即可。

土壤： 喜肥沃且具有良好排水性的土壤。

应用

皮氏石莲可作花坛栽植或作盆栽点缀阳台、客厅等。

别名：蓝石莲 | 科属：景天科，石莲花属

黄丽 *Sedum adolphii* Raym.-Hamet

黄丽原产自墨西哥，表面有蜡质，呈特别的金黄色或黄绿色。常与其他多肉合栽于盆中，装饰客厅、书房，可使人精神愉悦。日光浴之后，黄丽的边缘会变成漂亮的红色。光线不足时虽然也能生长，但颜色会比较暗淡，茎也会伸长。

特征识别

多年生多肉。植株有短茎，叶肉质，呈莲座状紧密排列，叶片为匙形，松散；表面附蜡质，呈黄绿色或金黄色。长期处于阴凉处时叶片呈绿色，光照充足时叶片边缘会泛红。花单瓣，浅黄色。

生活习性

温度： 生长适温为 15~28 ℃。

光照： 喜阳光充足的环境。

水分： 生长季节适度浇水，保持盆土稍湿。

土壤： 喜排水性良好的沙壤土。

应用

黄丽作盆栽，可置于光照充足的窗台，也可置于半阴的室内。

别名：宝石花 | 科属：景天科，景天属

黄金花月 *Crassula ovata* 'Hummel's Sunset'

黄金花月通常为绿色，日照充足时，叶片边缘会变红，植株呈金色，因此得名。黄金花月非常适合单独栽培，由于后期会生长得非常大，占据大部分空间，所以不适合与其他多肉组合。南方地区温度不低，比较适合栽于庭院中。

特征识别

植株呈灌木状，多分枝。茎圆形，表皮绿色或黄褐色。肉质叶对生，在茎或分枝顶端密生长，叶长卵形，稍内弯；叶片大部分时间为绿色，日照充足时叶片边缘会变红，植株呈现金黄色。

生活习性

温度： 生长适温为 15~30 ℃。

光照： 喜阳光充足的环境。

水分： 生长期保持土壤稍干燥。

土壤： 喜排水性良好的沙壤土。

应用

黄金花月可作盆栽，放置于电视、电脑旁，以吸收辐射。

别名：红边玉树 | 科属：景天科，青锁龙属

波路 ×*Gasteraloe beguinii*

波路原产于非洲南部。波路的种植和芦荟相似，很容易上手，其喜欢充足的散射光，水培的水量无须很多，只要根部能浸入即可。

特征识别

绫锦芦荟和鲨鱼掌的杂交种，多年生肉质草本。莲座状叶盘排列紧凑，叶有40~50片，深绿色，叶尖稍红，三角形带尖，叶背上部有2条龙骨突，布满白齿状小硬疣。花基部红色，先端绿色，似鲨鱼掌。

生活习性

温度： 生长适温为20~24℃。

光照： 喜阳光充足的环境。

水分： 生长期保持土壤稍干燥，忌积水。

土壤： 喜肥沃、疏松和排水性良好的沙壤土。

应用

波路可作园林、花坛栽植或作盆栽等。

别名：绫锦、珍珠芦荟、木挫芦荟 | 科属：阿福花科，元宝掌属

子持莲华 *Orostachys boehmeri* (Makino) Hara

子持莲华原产于日本北海道西部、本州东部及俄罗斯的滨海边疆区。叶形、叶色较美，颜色艳丽，繁殖简便，养护容易，具有一定的观赏价值。

特征识别

肉质植物。植株高5~10厘米，多数叶聚生成莲座状，叶片表面有淡淡的白粉；群生，有匍匐走茎呈放射状蔓生，落地后会产生新株；叶片为倒卵形，先端较尖，绿色。伞房花序顶生，花瓣为白色。

生活习性

温度： 生长适温为15~25℃。

光照： 喜阳光充足的环境。

水分： 干透才浇透，不干不浇水。

土壤： 喜腐殖质较多的土壤。

应用

子持莲华可作盆栽，置于阳台或书房观赏等。

小贴士

为防止单生植株因开花而枯萎，可以在花芽萌发阶段将其剪除，隔一段时间再次检查是否有残余的花朵，如果有，即再次清理。

别名：子持年华 | 科属：景天科，瓦松属

花叶寒月夜 *Aeonium 'Sunburst'*

花叶寒月夜叶色斑斓多彩，株型奇特，莲座状的叶丛酷似一朵朵莲花盛开在枝头，小巧奇特，叶色斑斓，其不太容易出侧芽，生长速度相对缓慢。

不太容易出侧芽，生长速度相对缓慢

叶片薄，边缘有细锯齿

特征识别

植株多分枝，叶肉质，聚生于枝头，呈莲座状排列；叶质较薄，叶片倒卵形，边缘有细锯齿；叶片中央绿色，边缘黄色或稍带粉红色。

生活习性

温度： 生长适温为 15~30 ℃，夏季高温时休眠，冬季 0 ℃以下仍能正常生长。

光照： 喜阳光充足的环境。

水分： 生长季保持土壤湿润而不积水。

土壤： 喜排水性良好的沙壤土。

应用

花叶寒月夜可用于布置花坛、花境、园林小品或作盆栽。

别名：灿烂 | 科属：景天科，莲花掌属

翡翠景天 *Sedum morganianum* E.Walther

翡翠景天叶肉质似翡翠，穗状密集，悬挂垂吊似驴尾，又像绿玛瑙串珠。其净化功能较强，对室内一氧化碳、二氧化碳、过氧化物等吸收能力强。

特征识别

多年生草本。植株颜色浅绿；茎、叶肉质，茎匍匐生长，长可达 50 厘米；肉质叶抱茎生长，整个植株像玛瑙串珠，是美丽的室内垂吊花卉。只要栽培得当，串珠状的茎、叶悬垂铺在花盆的四周，十分雅致。

生活习性

温度： 生长适宜温度 18~25 ℃，冬季室内温度不能低于 10 ℃，最低不能低于 5 ℃。

光照： 喜半阴的环境。

水分： 生长期保持土壤稍干燥。

土壤： 喜排水性良好的沙壤土。

应用

翡翠景天适合作盆栽，摆放在案头、茶几上欣赏。

别名：串珠草、玉珠帘 | 科属：景天科，景天属

珍珠吊兰 *Senecio rowleyanus* H.Jacobsen

茎纤细，植株似一串串佛珠

一粒粒圆润的、肥厚的圆心形叶片，似一串串风铃在风中摇曳，珍珠吊兰也因此得名。珍珠吊兰原产于非洲南部，在世界各地广为栽培。它的花期较长，花朵白色或褐色，花蕊紫色，有浓郁的芳香。

特征识别

多年生肉质草本。茎纤细，悬垂，有很多枝条；肉质叶较小，互生，生长较疏，椭圆形，肥厚多汁，翠绿如念珠状，中心有透明纵纹。小花呈白色或褐色，头状花序，花蕾为红色细条。

生活习性

温度：生长适温为 20~28 ℃。

光照：喜半阴的环境。

水分：生长期保持土壤稍湿润。

土壤：喜富含有机质、疏松肥沃的土壤。

应用

珍珠吊兰可在走廊、客厅等地悬吊栽培。

别名：翡翠珠、情人泪、绿之铃 | 科属：菊科，千里光属

露娜莲 *Echeveria* 'Lola'

灰绿色的叶片排列紧密，轮廓精致优雅，在阳光充足的环境下会呈现优雅的藕荷色，颇似玉制的小玫瑰，是石莲花属的代表品种之一。

特征识别

多年生草本。叶片倒卵形，先端急尖，叶缘比较圆润，叶片灰绿色，互生，排列紧密，呈莲座形；叶片被白粉，叶缘半透明；叶片颜色随温度及光照的变化而呈淡粉色或淡紫色。聚伞花序，花淡红色。

生活习性

温度：喜温暖环境，生长适温为 10~25 ℃。

光照：喜半阴的环境。

水分：春、秋生长季保持土壤湿润。

土壤：喜排水性良好的沙壤土。

应用

露娜莲可用于花园栽植或作盆栽点缀窗台等处。

别名：露娜、鲁娜莲 | 科属：景天科，石莲花属

白雪姬 *Tradescantia sillamontana* Matuda

白雪姬原产于中南美洲的危地马拉、伯利兹、墨西哥等国。虽然引入中国的时间不长，但形态独特，满株的白色长毛在各种观赏植物中独树一帜，淡紫色的小花精致而醒目。

特征识别

多年生肉质草本。植株丛生，茎肉质，短粗，直立或稍

匍匐。叶片互生，绿色或褐绿色，长卵形，叶片被有浓密的白毛。小花呈淡紫粉色，着生于茎的顶部。

生活习性

温度：生长适温为 16~24 ℃。

光照：喜光照充足的环境。

水分：生长期保持盆土湿润而无积水。

土壤：喜疏松肥沃，排水性、透气性良好的沙壤土。

应用

白雪姬株型美观，叶色秀美，常作小型盆栽，点缀几案、书桌、窗台等。

别名：白绢草 | 科属：鸭跖草科，紫露草属

霜之朝 ×*Pachyveria* 'Powder Puff'

叶端有尖，微红

叶面内凹，呈蓝绿色或灰绿色

霜之朝是一个源自美国的杂交品种，于 20 世纪 70 年代被培育。厚实的叶片颜色微妙，仿佛撒上了粉末，格外漂亮。叶片在阳光充足的情况下，能保持玫瑰花瓣一样的状态。

特征识别

多年生无毛多肉。叶片环状排列，扁长梭形，叶缘圆弧状，叶片肥厚、光滑，有白粉，除去白粉后为蓝绿色或灰

绿色。总状花序，花朵钟形，串状排列，5~6 瓣。

生活习性

温度：生长适温为 15~25 ℃。

光照：喜阳光充足的环境。

水分：每 10 天左右浇水 1 次，浇透即可。

土壤：宜用排水性、透气性良好的沙壤土。

应用

霜之朝可用作盆栽，置于阳台或客厅、电脑旁等。

别名：无 | 科属：景天科，厚石莲属

卷绢 *Sempervivum arachnoideum* L.

卷绢的植株低矮如垫，整齐玲珑，色彩鲜艳夺目，特别是叶片顶部的白色短丝毛相互联结如蛛丝网，奇特而别致，是长生草属的经典种类，也是欧洲高山性多肉的代表。

叶片先端渐尖，稍向外弯曲

植株高约 8 厘米，丛生

特征识别

多年生肉质草本。植株高约 8 厘米，丛生，叶片莲座状排列，匙形或长倒卵形，绿色或红色，放射性生长；叶端密生白色短丝毛，状若蜘蛛网。花淡粉红色，聚伞花序。

生活习性

温度： 生长适温为 18~22 ℃。

光照： 喜阳光充足的环境。

水分： 生长期保持盆土稍湿润。

土壤： 喜肥沃，排水性、透气性良好的土壤。

应用

卷绢可作盆栽，摆放在窗台、书桌或几案等处。

别名：大赤卷绢、紫牡丹 | 科属：景天科，长生草属

红缘莲花掌 *Aeonium haworthii* Salm-Dyck ex Webb et Berthel.

红缘莲花掌原产于大西洋的加那利群岛。叶形、叶色较美，有一定的观赏价值，春、夏季最好将盆栽植株置于院内或阳台上，冬季应置于室内阳光充足处。

叶缘有细短的白色茸毛

叶片长约 8 厘米，宽约 1 厘米

特征识别

多年生肉质草本。灌木状，茎根部长有很多分枝。叶片呈莲座状排列，倒卵形、舌形、肾形，尖端较细；叶质稍厚，蓝绿色至灰绿色；叶缘红色至红褐色，有细齿。聚伞花序，花浅黄色，有时带红晕。

生活习性

温度： 生长适温为 10~25 ℃。

光照： 喜阳光充足的环境。

水分： 每 15 天浇水 1 次，夏季停止浇水。

土壤： 喜疏松肥沃、排水性良好、含适量石灰质的沙壤土。

应用

红缘莲花掌可作盆栽，放置于电视、电脑旁，以吸收辐射。

小贴士

要给予充足的光照。若长期在荫蔽环境下，叶片会松散而下垂，很快就会丧失莲座状的优美株形。

别名：无 | 科属：景天科，莲花掌属

女雏 *Echeveria* 'Mebina'

粉红色的叶尖

女雏是一种较小型的石莲花，对日照的需求比其他石莲花要少一些，但生长速度比其他石莲花快。其娇小的体形加上叶尖鲜嫩的颜色，很适合作小型盆栽组合。

特征识别

植株小巧，多是淡绿色的。在春、秋季，由于日照充足，叶尖会呈现绮丽的粉红色；叶片细长，前端较尖，呈莲花状紧密排列。春季开花，花倒吊钟状，黄色。

生活习性

温度： 生长适温为 15~25 ℃。

光照： 喜阳光充足的环境。

水分： 生长期保持土壤稍湿润。

土壤： 喜排水性良好的沙壤土。

应用

女雏可用作盆栽，点缀书房、客厅等。

小贴士

女雏叶插非常容易成功，保持土壤湿润，1 周内便可出根出芽，出根后要循序渐进地晒太阳。

别名：红边石莲 | 科属：景天科，石莲花属

玉露 *Haworthia cooperi* var. *pilifera* (Baker) M. B. Bayer

叶表面光滑，有白色斑点

玉露植株小巧玲珑，种类丰富，叶色晶莹剔透，富于变化，如同有生命的工艺品，非常可爱，是近年来人气较旺的小型多肉品种之一。

叶片长 2 ~ 5 厘米，宽约 12.5 厘米

特征识别

多年生肉质草本。植株初为单生，以后逐渐呈群生状；钝性肉质叶，翠绿色，透明状，呈紧凑的莲座状排列，叶顶端有细小的“须”。花白色，较小，呈松散的总状花序。

生活习性

温度： 生长适温为 18~22 ℃。

光照： 喜阳光充足的环境，耐半阴。

水分： 保持盆土稍湿润，秋、冬季保持干燥。

土壤： 喜排水性良好的沙壤土。

应用

玉露可用作书桌、案头装饰性小盆栽等。

别名：玉章、草玉露、绿玉杯 | 科属：阿福花科，十二卷属

卧牛锦 *Gasteria rawlinsonii* Oberm.

卧牛锦原产于南非的开普，为园艺品种，以生长缓慢著称。卧牛锦叶片肥厚粗糙、黄绿对比鲜明，给人以古色古香之感，颇为别致。

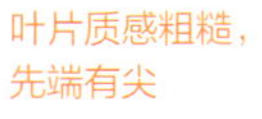

叶尖背面有明显的龙骨突

应用

卧牛锦可用来装饰几案、窗台等。

生活习性

温度： 生长适温为13~21℃。

光照： 喜阳光充足的环境。

水分： 生长期每7天浇水1次。

土壤： 喜排水性良好的沙壤土。

特征识别

多年生肉质草本。植株粗壮，叶片肥厚坚硬，呈舌状，2列叠生，随着叶片的增多，逐渐排列成莲座状；叶表面绿色或深绿色，密布小疣突。总状花序，花下垂，下部橙红色，上部绿色。

别名：厚舌草 | 科属：阿福花科，鲨鱼掌属

条纹十二卷 *Haworthia fasciata* (Willd.) Haw.

条纹十二卷原生于非洲南部热带干旱地区，现世界各地广泛栽培，具有较好的观赏价值。

叶背绿色，横生整齐的白色疣状突起

植株常呈群生状，株高5~8厘米

特征识别

多年生肉质草本。叶片紧密轮生在茎轴上，呈莲座状排列；叶片肥厚坚硬，深绿色，三角状披针形，渐尖，稍直立；叶面扁平，叶背凸起，呈龙骨状，绿色，有白色疣状突起，排列成横条纹。

生活习性

温度： 生长适温为10~24℃。

光照： 喜阳光充足的环境。

水分： 生长期保持盆土湿润即可。

土壤： 以肥沃、疏松的沙壤土为宜。

应用

条纹十二卷可摆放在书桌、茶几或窗台等处，作观赏植物。

小贴士

喜欢较干燥的空气环境，阴雨天持续的时间过长，易受病菌侵袭。

别名：锦鸡尾、条纹蛇尾兰 | 科属：阿福花科，十二卷属

琉璃殿 *Haworthia limifolia* Marloth

叶片正面凹，背面圆凸

琉璃殿原产于南非德兰士瓦，在中国栽培已久，植株端庄大方。其英文名是“Fairy Washboard”，形容其叶片上具有横条状突起，状似琉璃瓦。

叶缘内卷

特征识别

呈莲座状排列，排列时像风车一样向一个方向旋转；叶多肉，深绿色，卵圆状三角形，先端急尖，正面有明显的龙骨突；叶背有横条状突起，状似琉璃瓦。花序高可达 35 厘米，花白色，有绿色中脉。

生活习性

温度： 生长适温为 18~24 ℃。

光照： 喜阳光充足的环境。

水分： 生长期保持土壤稍湿润。

土壤： 喜排水性良好的沙壤土。

应用

琉璃殿可用作盆栽，置于桌案、几架、窗台等。

别名：旋叶鹰爪草 | 科属：阿福花科，十二卷属

芦荟 *Aloe vera* (L.) Burm.f.

茎极短，叶肉质

芦荟原产于地中海、非洲，因其易于栽种，为花叶兼备的观赏植物，颇受大众喜爱。据考证，野生芦荟有 300 多种，而可食用的只有 6 种，有药用价值的芦荟品种主要有洋芦荟、库拉索芦荟、好望角芦荟和元江芦荟等。

花茎单生，总状花序疏散

特征识别

常绿多肉草本。叶近簇生或稍 2 列，肥厚多汁，条状披针形，粉绿色；叶缘有尖齿状刺。花序有伞形、总状、穗状、圆锥形等，花点垂，稀疏排列，红色、黄色或有赤色斑点；苞片近披针形，先端锐尖。

生活习性

温度： 生长适温为 15~35 ℃。

光照： 喜阳光充足的环境，耐半阴。

水分： 生长期保持盆土稍湿润。

土壤： 以透水透气性能好、有机质含量高的土壤为宜。

应用

芦荟可作盆栽，置于桌案、几架、窗台等。

别名：白夜城、中华芦荟 | 科属：阿福花科，芦荟属

点纹十二卷 *Tulista pumila* (L.) G.D.Rowley

点纹十二卷原产于西南非洲，在中国栽培较普遍。它个体小，是美观、小巧的观叶植物。

叶背的点状物不成横条

特征识别

多年生常绿植物。植株矮小；叶片轮生，呈莲座状，顺三角状披针形，下厚上粗，顶部尖锐；叶片深绿色，叶面上分布着横向凸起的白色点状物。

生活习性

温度： 生长适温为 15~30 ℃。

光照： 喜阳光充足的环境。

水分： 每 15 天浇 1 次水。

土壤： 喜肥沃、通气、透水的沙壤土。

应用

居室或办公室的茶几、案头、写字台和窗前均可摆设点纹十二卷盆栽。

别名：锦鸡尾 | 科属：阿福花科，珠纹卷属

万象 *Haworthia truncata* var. *maughanii* (Poelln.) Halda

截断的顶端多为圆形

截断面透明或半透明

万象原产于南非。在原产地的自然环境中，万象仅露出叶片的顶端，以避免灼热太阳的烤晒。嫩叶灰绿色，成熟叶变成红褐色，风格刚劲粗犷，颇具非洲沙漠风情。

特征识别

草本，造型奇特。肉质叶从基部斜出，排成松散的莲座状，叶片半圆筒形，状似大象的脚，故得名"象脚草"；叶深绿色、灰绿色或红褐色，表面粗糙，顶端截面多为圆形，透明或半透明；因品种的差异，有不同的花纹。花序长 20 厘米左右，有小花 8~10 朵，白色，有绿色中脉。

生活习性

温度： 生长适温为 18~28 ℃。

光照： 喜阳光充足的环境。

水分： 生长期每 15 天浇水 1 次。

土壤： 喜疏松、排水性良好的沙壤土。

应用

万象可作盆栽，置于书房、阳台、案几等处。

别名：毛汉十二卷、象脚草 | 科属：阿福花科，十二卷属

不夜城芦荟 *Aloe × nobilis* Haw.

不夜城芦荟优美紧凑，叶色碧绿宜人，是观赏芦荟中的佳品。

叶片轮状互生

叶缘四周长有白色的肉齿

特征识别

多年生肉质植物。莲座状簇生，分枝，株高可达 30 厘米，叶面及叶背均有黄色或黄白色纵条纹，或整片叶子都呈黄色；叶片披针形，肥厚多肉。松散的总状花序从叶丛上部抽出，花筒形，深红色。

生活习性

温度： 生长适温为 20~25 ℃。

光照： 喜阳光充足的环境。

水分： 生长期保持盆土湿润，冬季保持盆土干燥。

土壤： 喜排水性良好的沙壤土。

应用

不夜城芦荟适宜作中型、小型盆栽，点缀窗台、几架、桌案等，清新雅致，别有情趣。

别名：大翠盘、高尚芦荟、不夜城 | 科属：阿福花科，芦荟属

子宝 *Gasteria gracilis* var. *minima*

子宝原产于南非。叶片上白色的斑纹是子宝的欣赏重点，每一片叶上的斑纹都不一致，这为子宝增添了许多不一样的韵味。

形似元宝，易群生

叶先端有 1 个尖刺

特征识别

多年生肉质草本。叶肉质，较厚，像舌头，叶面光滑，带白色斑点；叶片中间会出现白色斑纹，叶面长 2~5 厘米，宽 1~2.5 厘米，暴晒后叶面呈红色。花较小，大多为红绿色。

生活习性

温度： 生长适温为 12~21 ℃。

光照： 喜温和日光。

水分： 夏、秋季每周浇水 1~2 次，冬、春季保持盆土微干。

土壤： 喜肥沃疏松、排水性良好的沙壤土。

应用

子宝适宜作小盆栽，陈设于窗台、案头、书桌、阳台等处。

别名：子宝锦、元宝花 | 科属：阿福花科，鲨鱼掌属

水晶掌 *Haworthia cooperi* Baker

水晶掌原产于南非，它小巧玲珑，好似用翡翠雕成的一朵小莲花，因此被誉为“有生命的工艺美术品”。

株型小巧玲珑，颜色晶莹碧绿

叶缘有白色的细锯齿，似茸毛

特征识别

多年生草本。四季常绿，植株小巧，叶子呈长圆形或匙状，互生于短茎上，呈莲座状紧凑排列，半透明，有暗褐色纹路和褐色、青色的斑点，边缘的细锯齿呈白色。开极小的花。

生活习性

温度： 生长适温为 20~25 ℃。

光照： 喜湿润及半阴的环境。

水分： 春、秋季保持盆土湿润。

土壤： 喜肥沃、排水性良好的沙壤土。

应用

水晶掌可作为小盆栽，放置于书房或案几等处。

小贴士

水晶掌浇水太多，可能会患“根腐病”，危害较大，可用甲霜恶霉灵防治。

别名：宝草 | 科属：阿福花科，十二卷属

翡翠殿 *Aloe juvenna* Brandham et S.Carter

翡翠殿原产于南非，它小巧秀气且容易栽培，因此成为近年来迅速普及的芦荟属新种，可供一般家庭栽培，但药用价值不大。

叶缘有锯齿状肉刺

叶片肥厚多肉

特征识别

多年生肉质植物。株高 30～40 厘米；叶片螺旋状互生，旋列于茎顶，三角形，淡绿色至黄绿色；叶缘有白齿，叶面和叶背都有不规则的白色星点。总状花序，花小，橙黄色至橙红色，带绿尖。

生活习性

温度： 生长适温为 15~30 ℃。

光照： 喜半日照环境。

水分： 除冬季外，每 10 天浇 1 次水。

土壤： 喜排水性良好的沙壤土。

应用

翡翠殿可作盆栽，于室内或办公室养护。

小贴士

翡翠殿可水培，一般采用盆栽洗根法或分株水栽法，选用水培用的植株。

别名：无 | 科属：阿福花科，芦荟属

红雀珊瑚 *Pedilanthus tithymaloides* (L.) Poit.

红雀珊瑚原产于中美洲西印度群岛，全年开红色或紫色花，树形似珊瑚，故称“红雀珊瑚”。作为花卉的一种，有别于矮小植株的精巧娇美，红雀珊瑚也有独特的观赏性。

特征识别

常绿肉质灌木。植株健壮挺拔；茎绿色，茎干常呈“之”字形弯曲生长。叶绿色，革质，互生，卵状披针形。顶生聚伞杯状花序，花红色或紫色；总苞鲜红色。

生活习性

温度： 生长适温为16~28 ℃。

光照： 喜阳光充足的环境。

水分： 生长期保持土壤稍湿润。

土壤： 喜疏松、肥沃、排水性良好的土壤。

应用

红雀珊瑚可栽植于建筑物旁或作盆栽，置于书桌、几案、阳台等处。

别名：洋珊瑚、百足草、红雀掌 | 科属：大戟科，红雀珊瑚属

帝玉 *Pleiospilos nelii* Schwantes

帝玉原产于南非干旱地区，为珍奇的观叶植物。叶似叠起的元宝，且表面光亮带透明斑，耐人寻味。花奇大，色极美，挺立于植株顶端，给人以非凡的感觉，是室内盆栽肉质植物的上乘品种。

特征识别

多年生肉质草本。植株为丰满的肉质，卵形叶交互对生，叶外缘钝圆，表面较平，基部联合为元宝状；叶灰绿色，上有透明的小斑点。花单生，有短梗，花朵橙黄色，花心颜色稍浅。

生活习性

温度： 生长适温为18~24 ℃。

光照： 喜阳光充足的环境。

水分： 生长期土壤干则浇水，浇则浇透。

土壤： 喜疏松、肥沃、排水性良好的沙壤土。

应用

帝玉可用作盆栽，摆放在窗台、几案或书架上。

别名：大花风卵草 | 科属：番杏科，对叶花属

快刀乱麻 *Rhombophyllum nelii* Schwantes

快刀乱麻原产于南非大卡鲁高原的石灰岩地带，叶形、叶色较美，有一定的观赏价值，适合在中国华南地区栽培。

肉质灌木，株高 20 ~ 30 厘米

叶对生，长约 1.5 厘米

特征识别

多肉。植株呈肉质灌木状，高为 20~30 厘米，茎有短节，多分技。叶形奇特，集中在分枝顶端，对生，细长而侧扁，先端两裂，外侧圆弧状，好似一把刀；叶淡绿色至灰绿色。花为黄色。

生活习性

温度： 生长适温为 13~28 ℃。

光照： 喜阳光充足的环境。

水分： 每 15 ~ 20 天浇水 1 次。

土壤： 喜排水性良好的沙壤土。

应用

快刀乱麻可用于庭院栽植或作为盆栽放于室内栽培，盆栽可放置于电视、电脑旁，以吸收辐射；亦可栽植于室内，以吸收甲醛等物质，净化空气。

小贴士

夏季高温季节，植株处于休眠状态，要适当遮阳，避免烈日暴晒，控制浇水量，加强通风，更不能施肥。

别名：无 | 科属：番杏科，菱叶草属

九轮塔 *Haworthiopsis coarctata* (Haw.) G.D.Rowley

九轮塔原产于非洲。叶通常呈深绿色，在阳光下会慢慢变成紫红色。九轮塔习性强健，对环境适应性强，适合新手养护。

特征识别

多年生常绿肉质草本。植株呈柱状，茎轴极短。叶片肥厚，呈轮状抱茎，向两侧生长，先端向内弯曲，叶面有成行排列的白粒。

生活习性

温度： 生长适温为 10~24 ℃。

光照： 喜阳光充足的环境。

水分： 生长期保持土壤湿润。

土壤： 喜排水性良好的颗粒状沙壤土。

应用

九轮塔可作盆栽，置于窗台、几案、书桌等处。

小贴士

九轮塔的生长速度不快，因此并不需要每年进行换盆，一般每 2~3 年换盆 1 次即可。

别名：霜百合 | 科属：阿福花科，十二卷属

树马齿苋 *Portulacaria afra* Jacq.

树马齿苋原产于非洲南部的莫桑比克和南非的德兰士瓦，原产地为热带干湿季气候地区。该树种喜温暖、干燥和阳光充足的环境，耐干旱和半阴，不耐涝，也不耐寒，现世界多地可栽培。

特征识别

多年生常绿肉质灌木。茎为肉质，紫褐色至浅褐色；分枝近水平，新枝在阳光充足的条件下会呈现紫红色，如光照不充足，则为绿色。叶互生或对生，全缘。花两性，辐射对称或左右对称。

生活习性

温度： 生长适温为 20~25 ℃。

光照： 喜阳光充足的环境。

水分： 生长期应干透浇透，避免积水。

土壤： 喜排水性良好的沙壤土。

应用

树马齿苋可用作盆栽，点缀窗台或书房等。

小贴士

树马齿苋的造型多在生长季节进行，方法以修剪为主，蟠扎为辅。

别名：金枝玉叶、银杏木 | 科属：刺戟木科，树马齿苋属

特玉莲 *Echeveria runyonii* 'Topsy Turvy'

叶先端有1个小尖，肉质

特玉莲是鲁氏石莲花的变种，叶形十分奇特，花的形状甚至也会有一定程度的扭曲。其原种（鲁氏石莲花）产于墨西哥的塔毛利帕斯州，而首个变异种产于美国的加利福尼亚州。特玉莲造型奇特，容易栽培。

叶缘向下反卷，似船形

特征识别

多年生多肉，鲁氏石莲花的变种。叶的基部为扭曲的匙形，叶背中央有 1 条明显的沟，表面覆有白霜，呈莲座状排列；在光照充足的环境下呈现淡淡的粉红色。花冠呈五边形，亮红橙色。

生活习性

温度： 生长适温为 15~25 ℃。

光照： 喜阳光充足的环境。

水分： 每 10 天浇水 1 次，浇透即可。

土壤： 喜排水性、透气性良好的沙壤土。

应用

特玉莲可作盆栽，点缀窗台或书房等。

小贴士

生长季节保持土壤湿润，避免积水，在闷热潮湿的情况下极易腐烂。每 1~2 年换盆 1 次，剪除病根及枯根。

别名：特叶玉蝶 | 科属：景天科，石莲花属

雷童 *Delosperma echinatum* (Lam.) Schwantes

雷童原产于南非干旱的亚热带地区，叶形、叶色较美，有一定的观赏价值。

特征识别

多年生肉质草本。灌木状，分枝密集，二歧分枝，老枝灰褐色或浅褐色，新枝淡绿色，有白色突起。肉质叶卵圆半球形，暗绿色，表皮有肉质刺。花单生，有短梗，花很小，白色或淡黄色。

生活习性

温度： 生长适温为 15~25 ℃。

光照： 喜阳光充足的环境。

水分： 生长期每 15 天浇水 1 次。

土壤： 喜排水性良好的沙壤土。

应用

雷童可作为盆栽，放于书房、卧室等处。

养护要点

夏季可在早晚两个时间段浇水，要避免淋雨，越冬环境不低于 10 ℃可正常生长。繁殖方法可用茎插，极易成活。

别名：刺叶露子花、苍耳掌 | 科属：番杏科，露子花属

神刀 *Crassula perfoliata* var. *minor* (J. C. Wendl.) Toelken

神刀原产于南非，在原产地株高可达 1 米多，花深红色，美丽醒目。

特征识别

多年生肉质草本。株高 50~100 厘米，植株灰绿色，矮壮、端正，肥厚多汁；叶片互生，排列紧密，肥厚，形似镰刀或螺旋桨，奇特有趣。花朵为鲜艳的红色，开花后植株会老化。

生活习性

温度： 生长适温为 15~25 ℃。

光照： 喜半阴的环境。

水分： 特别耐干旱，盆栽在生长期无须多浇水，保持土壤有潮气即可。

土壤： 喜排水性良好的沙壤土。

应用

神刀可作盆栽，点缀窗台或书房等。

别名：尖刀、神刀草 | 科属：景天科，青锁龙属

玉蝶 *Echeveria glauca* (Baker) E.Morren

玉蝶原产于墨西哥伊达尔戈州，现为中国人客厅里常见的多肉之一。玉蝶引入中国的时间较长，栽培广泛。其株形美观，如玉石雕成的莲花，具有较强的装饰性，养护也较为容易，适合作家庭盆栽用于观赏。

特征识别

多年生肉质草本。茎株较短，易生分枝。叶子互生，呈莲座状分布，形成漏斗状；叶稍薄，表面浅绿色或蓝绿色，上面分布白色粉状物或蜡质层。

生活习性

温度：生长适温为 18~25 ℃。

光照：喜阳光充足的环境。

水分：盆土干燥时再浇水。

土壤：喜排水性良好的沙壤土。

应用

玉蝶可作盆栽，布置于阳台、几案等处；在温室中也可地栽，布置沙漠植物景观。

别名：石莲花 | 科属：景天科，石莲花属

小松绿 *Sedum multiceps* Cossonet Durieu

小松绿原产于北非的阿尔及利亚，整个植株酷似微缩版松树。用于制作盆景，具有材料易得、能批量生产、制作过程简单、成形时间短、上盆即能观赏等优点。

特征识别

多年生肉质草本。植株矮小，老茎灰白色，新枝浅绿色；植株近似球状，分枝较短，肉茎上有 1 束束褐红色的毛。针叶肉质，长约 1 厘米，密集聚生在枝梢先端，苍翠葱郁。开出星状黄色花。

生活习性

温度：生长适温为 18~27 ℃。

光照：喜温和阳光，耐半阴。

水分：生长期保持盆土稍湿润。

土壤：喜排水性良好的沙壤土。

应用

小松绿可用作地被植物、家用盆栽等。

别名：球松 | 科属：景天科，景天属

宝石花 *Echeveria secunda* Booth ex Lindl.

宝石花被誉为“永不凋谢的花朵”，因莲座状叶盘酷似一朵盛开的莲花而得名。它的形态独特，养护简单，很适合家庭栽培。宝石花如同有生命的工艺品，是近年来较流行的小型多肉。

特征识别

多年生肉质草本。全株光滑，茎短。叶匙形，集聚于枝顶，呈莲座状排列，着生于茎上，几乎将茎全部遮盖。

生活习性

温度： 生长适温为18~25℃。

光照： 喜阳光充足的环境，耐半阴。

水分： 生长期保持盆土稍湿润。

土壤： 以肥沃、排水性良好的沙壤土为宜。

应用

宝石花可置于阳台、窗台，作观赏植物等。

别名：石莲花、石花 | 科属：景天科，石莲花属

天章 *Adromischus cristatus* (Haw.) Lem.

天章原产自南非西开普敦地区，十分容易栽培，即便是种植在土地上粗放管理，依然可以茁壮成长，适合新手练手之用。

特征识别

多年生肉质植物。植株绿褐色，茎较短，上面有金黄色的茸毛。叶片肥厚，为倒卵圆状三角形，顶端叶缘有波浪形皱纹，叶片表皮有肉质茸毛，叶色常年翠绿。

生活习性

温度： 生长适温为18~25℃。

光照： 喜阳光充足的环境。

水分： 生长期保持盆土稍湿润。

土壤： 喜排水性良好的沙壤土。

应用

天章可作盆栽，点缀于窗台、书架等处。

别名：冠状天锦章 | 科属：景天科，天锦木属

筒叶花月 *Crassula obliqua* 'Gollum'

筒叶花月原产于南非纳塔尔，因其截面形似马蹄，又称“马蹄角”；经日晒，叶片泛红后也称“马蹄红”。因叶形奇特，色彩宜人，是理想的室内小型观叶植物。

特征识别

灌木状肉质植物。多分枝，茎明显，为圆柱形，表皮黄褐色或灰褐色。叶互生，在茎或分枝顶端密集成簇生长，肉质叶筒状，长4~5厘米，顶端截面呈椭圆形；叶鲜绿色，顶端有些许微黄，有蜡质光泽。

生活习性

温度： 生长适温为18~24 ℃。

光照： 四季中除了夏季要注意适当遮阴，其他季节都可以全日照。

水分： 生长期保持盆土湿润。

土壤： 喜排水性良好的沙壤土。

应用

筒叶花月可用作摆放在窗台、书桌或案头的小盆栽等。

别名：马蹄角、吸财树、筒叶青锁龙、马蹄红 | 科属：景天科，青锁龙属

女王花笠 *Echeveria* 'Meridian'

女王花笠原产于美国加利福尼亚，形似大波浪状的舞裙，很华丽，故有女王花笠之名。女王花笠可摆放在窗台、茶几或镜前；布置在南方庭院，到了冬季叶缘转红，似红色舞裙，引人入胜。

特征识别

多肉。植株健壮，呈莲座状排列，叶片宽厚，圆形，叶翠绿色至红褐色，新叶色浅、老叶色深；叶缘呈波状，红色或红褐色，如大波浪状的舞裙。聚伞花序，花卵球形，淡黄红色，外层黄色。

生活习性

温度： 生长适温为18~25 ℃。

光照： 喜阳光充足的环境，耐半阴。

水分： 生长期保持土壤湿润。

土壤： 喜排水性良好的沙壤土。

应用

女王花笠可作盆栽，置于庭院、阳台、茶几等。

小贴士

女王花笠需要接受充足日照，叶色才会艳丽，植株也会更紧实美观。

别名：扇贝石莲花、女王花舞笠 | 科属：景天科，石莲花属

观音莲 *Sempervivum tectorum* L.

观音莲原产于西班牙、法国、意大利等欧洲国家的山区。观音莲的应用比较广泛，它的叶脉清晰如画，极富诗情画意，为风格独特的观叶植物。

特征识别

多年生小型多肉。植株有莲座状叶盘，品种很多；叶盘直径 3～15 厘米，肉质，叶匙形，顶端尖，叶灰绿色、深绿色、黄绿色、红褐色等；叶顶端的尖既有绿色，也有红色或紫色。小花呈星状，粉红色。

生活习性

温度： 生长适温为 22~30 ℃。

光照： 喜光照充足的环境。

水分： 春、秋季保持盆土湿润。

土壤： 喜疏松肥沃，具有良好排水性、透气性的土壤。

应用

观音莲可作盆栽，置于窗台、阳台、书桌等处。

小贴士

观音莲生长期要求有充足的阳光，如果光照不足，会导致株形松散，影响其观赏性。

别名：长生草、观音座莲 | 科属：景天科，长生草属

江户紫 *Kalanchoe marmorata* Baker

叶片肉质，呈倒卵形

叶片密布着紫红色斑点或晕纹

江户紫原产于非洲的索马里、埃塞俄比亚。江户紫叶片肥厚，灰绿色或蓝绿色叶面上布满紫褐色斑点或晕纹，犹如一块美丽的调色板，是多肉中的观叶佳品。

特征识别

多年生肉质植物。灌木状，直立生长，通常在基部分枝；茎圆柱形，直立生长。叶肥厚无柄，交互对生，叶片倒卵形，叶缘有不规则波状齿，被有白粉，上有红褐色至紫褐色斑点或晕纹。花白色，较少见。

生活习性

温度： 生长适温为 18~23 ℃。

光照： 全日照或半日照。

水分： 生长期保持土壤稍湿润。

土壤： 喜排水性良好的沙壤土。

应用

大型植株可供布置温室、植物园中的沙漠生态景观，小苗也可作家庭盆栽。

别名：花叶川莲 | 科属：景天科，伽蓝菜属

黑王子 *Echeveria* 'Black Prince'

聚伞排列，具短柄

株高 8~12 厘米

黑王子极易培育，端正的莲座状叶盘和特殊的叶色使它具有很高的观赏性，十分引人注目。此外，黑王子栽培繁殖相对简便，是家庭盆栽佳品。

特征识别

多年生肉质草本。植株有短茎；单株叶片数量可达百余片。叶片紫黑色，紧密生长如莲座状，叶片为长勺状，叶片表面光滑，顶部尖锐，比较肥厚。花序为聚伞状，花朵红色或紫色。

生活习性

温度： 生长适温为 15~25 ℃。

光照： 喜阳光充足的环境。

水分： 春、秋季生长期每 15 天浇水 1 次。

土壤： 喜排水性良好的沙壤土。

应用

黑王子可作盆栽，置于室内观赏。

别名：无 | 科属：景天科，石莲花属

大叶落地生根 *Kalanchoe daigremontiana* Raym.-Hamet & H. Perrier

叶缘常整齐地布满不定芽

大叶落地生根原产于非洲马达加斯加岛的热带地区。大叶落地生根的叶片肥厚多汁，边缘长出整齐美观的不定芽，似小蝴蝶群停落叶缘，颇有观赏性。其落地即能生根并长成植株，是优良的室内盆栽植物。

株高 60 ~ 100 厘米

特征识别

多年生肉质草本。茎单生，直立。叶交互对生，叶片肉质，长三角形、卵形，具有不规则的褐紫斑纹，边缘有粗齿，缺刻处长出整齐的不定芽。

生活习性

温度： 生长适温为 13~19 ℃。

光照： 喜全日照或半日照环境。

水分： 勤浇水，保持盆土湿润。

土壤： 喜排水性良好的沙壤土。

应用

大叶落地生根可用于庭院栽植；或作盆栽，置于书房和客厅等处。

别名：花蝴蝶、宽叶不死鸟 | 科属：景天科，伽蓝菜属

吉娃莲 *Echeveria chihuahuaensis* Poelln.

吉娃莲原产于墨西哥奇瓦瓦州，生长在空气流通较好、日照充分的山坡上。吉娃莲叶尖的红色特别美丽，是一种观赏性很强的多肉。

特征识别

小型多肉。植株小型。叶片呈紧凑的莲座状排列，无茎。叶卵形，较厚，带有红色小尖；叶蓝绿色至灰绿色、淡绿色，被有浓厚的白粉，叶缘为深粉红色。

生活习性

温度：生长适温为 20~25 ℃。

光照：喜阳光充足的环境。

水分：生长期保持盆土稍湿润。

土壤：喜排水性良好的沙壤土。

应用

吉娃莲可用于庭院栽植或作盆栽置于室内等。

别名：吉娃娃 | 科属：景天科，石莲花属

唐印 *Kalanchoe tetraphylla* H.Perrier

唐印原产于南非开普东部和德兰士瓦，引入中国的时间不长，其叶片大、叶色美，株型也很漂亮，是多肉中的观叶佳品。

植株茎部粗壮坚硬，多分枝

春季阳光充足时，叶缘会变成红色

特征识别

多年生肉质草本。株高 50~60 厘米。茎部粗大，多分枝，灰白色；叶子呈倒卵形对称状紧密排列，黄绿色或淡绿色；叶片上被有很厚的白色粉末，颜色看起来有些发灰。开黄色的筒形小花。

生活习性

温度：生长适温为 15~20 ℃。

光照：喜阳光充足的环境。

水分：保持盆土湿润。

土壤：喜排水性、透气性良好的沙壤土。

应用

唐印可作盆栽，装饰客厅或书房等；还可经造型后制成盆景或地栽，供园林部门布置多肉温室之用。

别名：牛舌洋吊钟 | 科属：景天科，伽蓝菜属

星美人 *Pachyphytum oviferum* J.A.Purpus

星美人原产于墨西哥中部的圣路易斯波托西州，现世界各地广泛栽培。中国也有引种栽培，为常见的盆栽观赏多浆植物，花朵初夏开放，具有极高的观赏价值。

叶端圆润，没有明显的尖

叶片较厚，肉质

特征识别

多年生肉质草本。每株有叶12~25片；叶互生，肉质，呈莲座状排列；叶片为倒卵形至倒卵状椭圆形，先端圆钝，表面平滑；叶色为灰绿色、淡紫色等，被有白粉。

生活习性

温度：生长适温为18~25℃。

光照：喜阳光充足的环境。

水分：生长期每7天浇水1次。

土壤：喜质地疏松、排水性良好的沙壤土。

应用

星美人可作盆栽，置于厅台、书桌等处。

别名：白美人、肥天｜科属：景天科，厚叶莲属

虹之玉 *Sedum×rubrotinctum*

株幅6~15厘米

虹之玉为人工杂交种，因此野外没有分布。其生长速度较快，春、夏是主要生长季节，夏季35℃高温时需遮阴，冬天保持5℃以上即可安全越冬。

肉质叶嫩绿色，具光泽，先端带红色

特征识别

多年生肉质草本。株高10~20厘米，多分枝。肉质叶膨大，互生，圆筒形至卵形，表皮光亮、无白粉，阳光充足时为红褐色；叶尖处略透明，叶片红绿相间，如虹如玉。小花淡黄红色。

生活习性

温度：生长适温为10~28℃。

光照：喜阳光充足的环境。

水分：土壤见干见湿，浇则浇透。

土壤：喜排水性良好的沙壤土。

应用

虹之玉可作为盆栽，摆放于窗台、阳台或客厅等处。

小贴士

秋季摆放在阳台上，强烈的阳光能使虹之玉变成鲜艳的红褐色。

别名：耳坠草、玉米石、玉米粒｜科属：景天科，景天属

姬星美人 *Sedum anglicum* Huds.

姬星美人原产于西亚和北非的干旱地区，主要分布于小亚细亚半岛南部、中部及东南部。为小型多肉品种，是最常见的护盆草，很容易栽培。

特征识别

多年生肉质植物。株高5~10厘米，茎多分枝。叶膨大互生，倒卵圆形，长2厘米，绿色；叶片肉质，深绿色，如翡翠一般晶莹碧绿，在阳光照射下艳丽非常。在春季开花，花为淡粉红色。

生活习性

温度：生长适温为13~23℃。

光照：喜阳光充足的环境。

水分：春、秋季生长期每15天浇水1次。

土壤：用园土、腐叶土、粗沙、骨粉混合配制，也可以用煤渣混合泥炭配制。

应用

姬星美人十分适合作盆栽，摆放在阳光充足的窗台、阳台和居室内作为点缀。

别名：无 | 科属：景天科，景天属

锦晃星 *Echeveria pulvinata* Rose

开橙红色的钟形花朵

叶片先端有微小的钝尖

锦晃星原产于墨西哥，中国各地都有作为盆栽栽培，是一种较为普遍的多肉植物。其于冬季和早春绽开的一串串橙红色小花，交相辉映，异常美丽。

特征识别

多年生小灌木状多肉。茎为圆形，有分枝。叶片倒披针形，互生，呈莲座状；叶片灰绿色，表皮上有白色短茸毛。穗状花序，开橙红色5瓣花，花朵钟形。

生活习性

温度：生长适温为15~25℃。

光照：喜阳光充足的环境。

水分：春、秋季每15天浇水1次。

土壤：喜排水性良好的沙壤土。

应用

锦晃星可作盆栽，置于阳台、书房、厅堂等处。

别名：金晃星、猫耳朵 | 科属：景天科，石莲花属

锦司晃 *Echeveria setosa* var. *hybrid*

锦司晃是典型的高山型多肉，遍体的白毛奇特而有趣。锦司晃是一个栽培较为普遍的大众化品种，其花、叶皆有较高的观赏价值。

黄红色的小花

叶有微小的钝尖，绿色

叶片正面微凹、背面圆突

特征识别

多年生肉质草本。老株易丛生，绿色。叶片互生为莲座状；叶片基部狭窄，先端卵形且较厚，边缘微呈红色，叶面上密布白毛。花序高 20～30 厘米，小花较多，颜色为黄红色。

生活习性

温度： 生长适温为 15～25 ℃。

光照： 喜阳光充足的环境。

水分： 生长期每 15 天浇水 1 次。

土壤： 喜排水性良好的沙壤土。

应用

锦司晃除作盆栽观赏外，还可作插花的装饰或地栽布置温室中的沙漠植物景观。

别名：多毛石莲花 | 科属：景天科，石莲花属

钱串景天 *Crassula marnieriana*

钱串景天，因植株酷似一串串古代的钱币而得名，是颇受人们喜爱的小型多肉之一。其株型奇特，玲珑可爱，色彩明快悦目，适合用小型工艺盆栽种。

特征识别

多年生肉质草本。植株矮壮，有细小分枝，茎肉质，以后稍木质化。叶肉质，灰绿色至浅绿色，叶缘稍有红色，交互对生，卵圆状三角形，没有叶柄，基部相连，幼叶上下叠生，似串起来的钱串。花白色。

生活习性

温度： 生长适温为 18～24 ℃。

光照： 喜阳光充足的环境。

水分： 生长期保持盆土稍湿润。

土壤： 喜排水性良好的沙壤土。

应用

钱串景天可作盆栽或配以奇石，制成多肉小盆景，装饰案头、窗台等处。

别名：串钱景天 | 科属：景天科，青锁龙属

茜之塔 *Crassula corymbulosa* (Thunb.) Toelken

叶片顶端接近尖形

株高仅 5~8 厘米

茜之塔的名字很有意思，中文名中的“茜”指的是其叶片的深红色，整齐层叠的紫红色叶片令人联想到具有东方特色的红色佛塔，因此得名。

特征识别

多年生肉质草本。植株丛生，比较矮小，整个植株呈宝塔状排列。叶子密集对生，排成 4 列，无柄，状如心形或长三角形，从基部到顶端逐渐变小，叶浓绿色、红褐色或褐色。

生活习性

温度： 生长适温为 18~24 ℃。

光照： 喜阳光充足的环境。

水分： 春、秋季保持土壤湿润。

土壤： 喜排水性良好的沙壤土。

应用

茜之塔可作盆栽，置于窗台、书桌旁处。

别名：绿塔 | 科属：景天科，青锁龙属

青锁龙 *Crassula muscosa* L.

茎较细弱，且多分枝

枝条上均紧密排列如三角形鳞片的叶子

青锁龙原产于南非和纳米比亚。中国有引种，各地均有盆栽，多采用低温温室栽培。青锁龙为常见的室内观叶植物，枝条翠绿，小叶细碎，小花淡雅可爱。

特征识别

多年生肉质亚灌木。植株高 30 厘米，茎纤细，茎株易分枝，通体垂直向上，顶端稍弯曲。叶子如三角形鳞片，分 4 列密集分布在茎和分枝上。聚伞花序，小花淡绿色，长于叶腋部位。

生活习性

温度： 生长适温为 20~25 ℃。

光照： 喜阳光充足的环境。

水分： 生长期每 7 天浇水 2~3 次。忌积水。

土壤： 对土壤适应性强，但以泥炭土与砂质土混合为好，忌重黏土。

应用

青锁龙可作温室栽培或作盆栽，置于案头、书桌等处。

清盛锦 *Aeonium decorum* Webb ex Bolle

清盛锦原产于大西洋加那利群岛，春、秋、冬是主要生长季，特别是春、秋季，如果放在户外，在温差较大、日照较多的环境下，叶片颜色会从金黄色转变为红色。

特征识别

多年生肉质植物。植株稍有分枝，叶肥厚，呈莲座状排列，叶倒卵圆形，顶端尖，叶缘有细锯齿；叶片中央为杏黄色，与淡绿色间杂，外缘为红色、红褐色或粉红色等，其余为绿色。

生活习性

温度：生长适温为 15~25 ℃。

光照：喜阳光充足的环境。

水分：生长期保持盆土稍湿润。

土壤：喜排水性良好的沙壤土。

应用

清盛锦可作盆栽，置于阳台、客厅、卧室等处。

别名：艳日晖、灿烂 | 科属：景天科，莲花掌属

火祭 *Crassula capitella* Thunb.

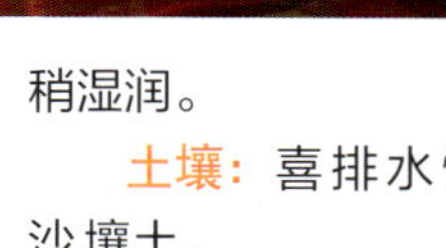

火祭原产于南非，现世界多地可栽培。火祭只有在冬天干燥又寒冷的情况下暴晒，才会变得很红。在生长季节，火祭会变成绿色的，而且会疯长，修剪后株型会丰满美丽。

特征识别

多年生肉质草本。植株丛生；叶肉质、肥厚，不光滑，密布小疣点；叶片线状披针形，交互对生，光照充分时叶子呈浅绿色至深红色。聚伞花序，小花黄白色。

生活习性

温度：生长适温为 18~24 ℃。

光照：喜阳光充足的环境。

水分：生长期保持盆土稍湿润。

土壤：喜排水性良好的沙壤土。

应用

火祭可作垂吊盆景或作盆栽，装饰窗台、阳台、书桌等。

别名：秋火莲 | 科属：景天科，青锁龙属

趣情莲 *Kalanchoe synsepala* Baker

叶长6~14厘米，有短柄

植株具短茎，叶肉质

趣情莲原产于非洲南部。趣情莲株型奇特，叶片对称，宽大肥厚，光泽柔和，匍匐枝顶生的不定芽形似翩翩起舞的小蝶。

特征识别

多年生肉质草本。株型奇特。叶卵形对生，叶缘有锯齿，叶片肥厚，灰绿色，略带红色，叶缘红色。叶腋处抽出花葶，开悬垂铃状花。

生活习性

温度：生长适温为18~25℃。

光照：喜阳光充足的环境。

水分：生长期保持盆土湿润。

土壤：喜疏松、肥沃的沙壤土。

应用

趣情莲可作盆栽，置于门厅、走廊、客厅等处。

小贴士

冬季要搬进室内养护，放在阳光充足的窗前，否则趣情莲叶片会变软、变形、不挺拔。

别名：趣蝶莲、双飞蝴蝶 | 科属：景天科，伽蓝菜属

棱叶龙舌兰 *Agave potatorum* Zucc.

棱叶龙舌兰株型矮小俊雅，青绿色的叶片非常美丽，具有极好的观赏效果。

特征识别

多年生肉质植物。株型优美，小巧迷人，呈莲座状排列。叶子基部狭而厚，青绿色，长为20~30厘米，宽为9~11厘米，尖端坚挺，呈三角形剑状；叶缘有刺，先端有红褐色尖刺，十分醒目。

生活习性

温度：生长适温为18~25℃。

光照：喜阳光充足的环境。

水分：土壤干则浇水，浇则浇透。

土壤：喜排水性良好的沙壤土。

应用

棱叶龙舌兰可用作盆栽，置于阳台、花架等处。

小贴士

对肥料要求不高，生长期每半个月施1次复合肥，如与有机肥交替施用则效果更佳。

别名：雷神 | 科属：天门冬科，龙舌兰属

狐尾龙舌兰 *Agave attenuata* Salm-Dyck

狐尾龙舌兰原产于墨西哥中部，是非常美观的庭园观赏植物。

叶片柔软且光滑，长约 60 厘米

叶缘长有细小锯齿

粗壮的茎

特征识别

多年生常绿植物。老植株下部茎干高度可达 1.5 米。叶肉质，绿色，密生于短茎上，叶片宽大，长卵形或披针形，叶缘有尖刺，叶色翠绿，有白粉。花黄绿色，密穗状花序，形如狐尾。

生活习性

温度： 生长适温为 15~25 ℃。

光照： 喜阳光充足的环境。

水分： 春、秋季保持盆土湿润。

土壤： 喜排水性良好的沙壤土。

应用

狐尾龙舌兰可用作于庭院、绿地栽植或作盆栽等。

别名：无刺龙舌兰 | 科属：天门冬科，龙舌兰属

雅乐之舞 *Portulacaria afra* 'Variegata'

雅乐之舞原产于南非，色彩明快，株型秀美，是多肉中叶、形俱美的品种。

特征识别

多年生肉质灌木。株高 3~4 米，多分枝，老茎紫褐色，嫩枝紫红色；肉质叶对生，倒卵形，主要为黄白色，中间淡绿色，新叶叶缘有粉红色晕，随着叶片的长大变成粉红色细线。花淡粉色，较小。

生活习性

温度： 生长适温为 21~25 ℃。

光照： 喜温和阳光，耐半阴。

水分： 不干不浇，浇则浇透。

土壤： 喜疏松肥沃，排水性、透气性良好的沙壤土。

应用

雅乐之舞可作小型盆栽或树桩盆景等。

小贴士

盆景的造型可采用蟠扎、修剪相结合的方法进行，由于是肉质茎，蟠扎时不要将金属丝勒进其表皮。

别名：斑叶马齿苋树、公孙树 | 科属：刺戟木科，树马齿苋属

桃美人 *Pachyphytum* 'Blue Haze'

叶面光滑，颜色红润

桃美人由月美人和稻田姬杂交而来。叶片在阳光充足且温差大的环境下易变成粉红色，因而受到多肉爱好者们的青睐。

特征识别

多年生肉质草本。茎部短小，直立。肉质叶有多浆薄壁组织，单株有12~20片叶，叶片互生，排列成延长的莲座状，呈倒卵形，长2~4厘米，先端平滑钝圆。花钟形，红色。

生活习性

温度：生长适温为18~22℃。

光照：喜阳光充足的环境。

水分：春、秋季每个月浇水3~5次。

土壤：喜排水性良好的沙壤土。

应用

桃美人可用作厅台或书房的装饰盆景等。

小贴士

桃美人有很强的趋光性，如果光线不均匀，会朝一边长，使株型受损。

别名：无 | 科属：景天科，厚叶莲属

月兔耳 *Kalanchoe tomentosa* Baker

叶缘具钝齿，红褐色

月兔耳原产于中美洲干燥地区及马达加斯加，叶形、叶色较美，有一定的观赏价值。

常呈群生状，可达20 ~ 40厘米

特征识别

多年生肉质草本。植株为直立的肉质灌木，易长高。叶片奇特，形似兔耳，边缘着生褐色斑纹；叶片对生，长梭形，密布凌乱茸毛，新叶金黄色，老叶呈微黄褐色。

生活习性

温度：生长适温为18~22℃。

光照：喜阳光充足的环境。

水分：保持盆土稍干燥，夏季可向植株喷雾。

土壤：以肥沃、疏松的沙壤土为佳。

应用

月兔耳可作盆栽，用于装饰窗台、案头、书桌边等。

小贴士

月兔耳因为长得相对较快，每1~2年换盆1次即可。

别名：褐斑伽蓝 | 科属：景天科，伽蓝菜属

千代田锦 *Aloe variegata* L.

千代田锦原产于非洲南部，叶色斑斓，花朵鲜艳，是一种既可观叶，又能赏花的小型观赏芦荟。

叶轮状三出，呈覆瓦状排列

叶中肋部位下凹，两侧叶面翘起

特征识别

多年生肉质草本。茎较短。叶片从根部长出，旋叠状，三角剑形；叶正面深凹，叶缘密生有短而细的白色肉质刺，叶深绿色，有不规则的银白色斑纹。总状花序，有小花20～30朵，橙黄色至橙红色。

生活习性

温度： 生长适温为16～28℃。

光照： 喜阳光充足的环境。

水分： 夏、秋季生长期保持盆土微潮、偏干。

土壤： 喜排水性良好的沙壤土。

应用

千代田锦可作盆栽，装饰书房、窗台、客厅等。

别名：斑叶芦荟、翠花掌 | 科属：阿福花科，芦荟属

琉璃晃 *Euphorbia susannae* Marloth

琉璃晃是一个小的种群，常于白色石英砂石表面上发现。它们大部分生活在裸露的地面上，小部分生长于小灌木丛的阴影中，完全生长在地面之上的部分形状像一个半球或一个垫子。

易长侧芽

茎上排列着锥状疣突

特征识别

多年生肉质植物。株高为8～10厘米。茎球状或短圆筒形，有12～20条纵向排列的锥状绿色疣突；叶片细小，着生在每个疣突的顶端。聚伞花序，花杯状，黄绿色。

生活习性

温度： 生长适温为18～30℃。

光照： 喜阳光充足的环境。

水分： 生长期可每7天浇水1次。

土壤： 喜排水性良好的沙壤土。

应用

琉璃晃可作花坛栽植或作盆栽，点缀阳台、客厅等。

别名：琉璃光 | 科属：大戟科，大戟属

巨鹫玉 *Ferocactus peninsulae* (F.A.C.Weber) Britton et Rose

巨鹫玉原产于墨西哥，有一股淡淡的香味，为仙人掌中较大型的种类。刺座大，着生紫红色钩刺，植株雄伟、坚硬有力，为强刺类褐刺的代表种。

全株刺座密集，有白毛

紫红色钩刺

特征识别

多年生肉质草本。植株开始为短圆筒形，后呈短圆柱状；体色青绿色，表皮坚厚；球直径为 30 厘米左右，有 13 个脊高且薄的棱，棱峰上的刺座大而凸出；白色刚毛状的周刺有 10～12 枚，中刺 4 枚，中间主刺 1 枚，扁锥形。

生活习性

温度：生长适温为 15～35 ℃。

光照：喜阳光充足的环境。

水分：生长期可充分浇水。

土壤：喜肥沃、含石灰质丰富和排水性良好的沙壤土。

应用

巨鹫玉可作为橱窗、客厅或书房的盆栽等。

别名：鱼钩球 | 科属：仙人掌科，强刺球属

佛肚树 *Jatropha podagrica* Hook.

佛肚树原产于中美洲的洪都拉斯南部和尼加拉瓜北部等地，为当地热带疏林的优势植物。佛肚树株型奇特，一年四季开花不断，是中国栽培已久的室内盆栽佳品。福建漳州青山苗圃与广东都有大规模栽植。

叶全缘或掌状浅裂

茎节上会生出细长的肉质枝条，嫩绿色

特征识别

多年生肉质植物。不分枝或少分枝；茎基部或下部通常膨大，呈瓶状；枝条粗短，肉质。叶盾状着生，轮廓近圆形至阔椭圆形。花序顶生，有长总梗，红色，花萼裂片近圆形；花瓣倒卵状、长圆形，红色。

杯状聚伞花序，生于茎顶

生活习性

温度：生长适温为 22～28 ℃。

光照：喜阳光充足的环境。

水分：生长期保持盆土稍干燥。

土壤：喜排水性良好的沙壤土。

应用

佛肚树可用于庭院、园林栽植或作盆栽等。

别名：麻疯树、瓶子树、纺锤树 | 科属：大戟科，麻风树属

巴西龙骨 *Euphorbia antiquorum* L.

巴西龙骨的叶片似鱼鳞，在阳光的照耀下会闪闪发光，众体林立，群峰利剑，非常壮观，是盆栽花卉的佳品，不仅能够美化环境，还能够净化空气。

特征识别

巴西龙骨的植株呈三棱形，分枝较多，蓝绿色，高为 4～5 米，棱边有小刺，刺极短。分枝上部有卵圆形带短尖的绿色叶片，叶质很薄。夏季开白花，有花 4～9 朵，丛生于上部的刺座上，昼开夜闭。

生活习性

温度： 生长适温为 15～25 ℃。

光照： 喜阳光充足的环境。

水分： 每 10 天浇 1 次水，每次浇透。

土壤： 喜排水性良好的沙壤土。

应用

巴西龙骨可作盆栽，点缀窗台或书房等。

别名：龙骨柱 | 科属：大戟科、大戟属

铜绿麒麟 *Euphorbia aeruginosa* Schweick.

每个分枝上有数个棱，茎枝均为铜绿色

株高 80~100 厘米

铜绿麒麟原产于南非开普敦地区，外形极具特色，和中国古代的铁蒺藜棒有些像。

特征识别

灌木状肉质植物。茎为圆柱状，从基部分枝，形成密集多刺的灌丛，分枝有 4～5 棱；茎枝的表皮为铜绿色，棱缘上有倒三角形或“T”形的红褐色斑块。花较小，像微型蜡梅花，黄绿色。

生活习性

温度： 生长适温为 15～25 ℃。

光照： 喜阳光充足的环境。

水分： 见干见湿，不干不浇水。

土壤： 喜疏松、肥沃的沙壤土。

应用

铜绿麒麟可作盆栽，置于阳台、客厅等处。

小贴士

铜绿麒麟有毒，家庭种植时一定要注意放在孩子够不着的地方。

别名：铜缘麒麟 | 科属：大戟科，大戟属

金晃丸 *Parodia leninghausii* (Haage) F.H.Brandt

金晃丸原产于巴西南部里约格朗德州，喜欢温暖、干燥和阳光充足的环境。

特征识别

茎圆柱形，高为 60～70 厘米，直径 10 厘米，基部易出分枝；棱有 30 条或更多，刺座排列紧密；周刺 15 枚，刚毛状，黄白色；中刺 3～4 枚，黄色，细针状。花着生于茎顶端，花朵大，黄色，异常美丽。

生活习性

温度： 生长适温为 15～30 ℃。

光照： 喜阳光充足的环境。

水分： 生长期保持土壤稍湿润。

土壤： 喜排水性良好的沙壤土。

应用

金晃丸可用作盆栽，布置居室或公共场所等。

小贴士

金晃丸生长期每个月要施 1~2 次液肥，休眠期要停止施肥。

别名：黄翁 | 科属：仙人掌科，锦绣玉属

金琥 *Echinocactus grusonii* Hildm.

球体深绿色，直径约 30 厘米

金黄色的刺密布球体

金琥原产于墨西哥中部炎热干燥的沙漠地区，中国有引种，现各地广泛栽培。野生的金琥是极度濒危的稀有植物。金琥球体浑圆碧绿、刺色金黄、刚硬有力，为强刺类品种的代表种。

特征识别

多年生肉质单生植物。茎圆球形，单生或成丛，球顶密被金黄色绵毛；外部有 21～37 条棱，均匀分布，棱脊有刺座，密生硬刺，金黄色。花生于球顶部的绵毛丛中，钟形，黄色；花筒被尖鳞片。

生活习性

温度： 生长适温为 20～25 ℃。

光照： 喜阳光充足的环境。

水分： 春、秋季保持充足的水分供应。

土壤： 喜肥沃、透水性好的沙壤土。

应用

金琥可作盆栽，置于书案、厅堂等处。

别名：象牙球、金琥仙人球 | 科属：仙人掌科，金琥属

英冠玉 *Parodia magnifica* (F.Ritter) F.H.Brandt

刺座排列紧密，有白色短绵毛

茎直径 20 厘米，高可达 5 米以上

英冠玉原产于南美巴西高原地区，株体蓝绿色，花黄色，生长健壮，充满活力。

特征识别

多年生肉质植物。茎幼时为球形，后渐变为圆筒形；植株蓝绿色，有棱 11~15 个。茎顶密生短茸毛；刺座密集，放射状刺 12~15 枚，黄白色，中刺 8~12 枚，针状，褐色。花较大，花冠漏斗状，鹅黄色。

花开于球顶，直径 5~6 厘米

生活习性

温度：生长适温为 18~24 ℃。

光照：喜阳光充足的环境。

水分：生长期保持盆土湿润。

土壤：喜排水性良好的沙壤土。

应用

英冠玉适用于盆栽或暖地地栽观赏。

小贴士

冬季保持土壤干燥，可增强抗寒能力。

别名：莺冠玉 | 科属：仙人掌科，锦绣玉属

将军阁 *Monadenium ritchiei* Bally

株端自茎部抽生厚肉质绿色叶片

将军阁原产地为东非、肯尼亚，植株翠绿可爱，盆栽观赏给人以清新典雅的感觉。将军阁株型奇特，因较为稀少，多肉爱好者常将其作为收集品种栽培。

特征识别

多年生肉质植物。植株矮胖，基部多分枝，茎及分枝均为肉质，呈圆柱形，深绿色或浅绿色，有线状凹纹。小叶轮生，叶片卵圆形，绿色，有细毛，边缘稍有波状起伏。假伞形花序，有小花，杯状，黄绿色或橙褐色。

杯状花

生活习性

温度：生长适温为 18~24 ℃。

光照：喜阳光充足的环境，耐半阴。

水分：生长期保持盆土稍湿润。

土壤：喜排水性良好的沙壤土。

应用

将军阁可在植物园栽植或作盆栽置于阳台处。

小贴士

将军阁在吸收辐射的同时能释放出氧气。在 15 平方米的室内，摆放 2~3 盆将军阁，能吸收室内 80% 以上的有害气体。

别名：里氏翡翠塔 | 科属：大戟科，翡翠塔属

大戟阁锦 *Euphorbia ammak f.variegata* Schweinf.

大戟阁锦是大戟阁的斑锦变异品种，其形态为乔木状肉质植物，在原产地高可达 10 米。它的主茎非常短且很粗，直径可达 15 厘米左右，而且有不少分枝，这些分枝差不多都是向上生长的。

特征识别

多年生肉质植物。植株有短而粗的主干及数量众多的分枝，肉质茎有 4～5 条棱，棱脊凸出，棱缘波浪形，表皮花白色或黄白色；生长旺盛时茎顶端有披针形、白色花或黄白色叶片长出。

生活习性

温度：生长适温为 16~21 ℃。

光照：喜阳光充足的环境。

水分：每个月浇水 1 次。

土壤：喜排水性良好的沙壤土。

应用

大戟阁锦可作盆栽，装饰大型客厅、居室等处。

别名：象牙球、金琥仙人球 | 科属：大戟科，大戟属

麒麟角 *Euphorbia neriifolia var.cristata*

叶先端钝或近平截，基部渐窄，全缘

麒麟角是霸王鞭的变种，分布于中国广西（西部）、四川和云南，在金沙江、红河河谷常成大片群落。

茎高 5~7 米，直径 4~7 厘米

特征识别

多年生灌木状肉质植物。茎上部有数个分枝，幼枝绿色；茎与分枝有 5～7 条棱。叶互生，密集于分枝顶端，倒披针形至匙形。花序二歧聚伞状，常生于枝顶；总苞杯状，黄色。

生活习性

温度：生长适温为 22~28 ℃。

光照：喜半阴的环境。

水分：生长期保持土壤稍湿润。

土壤：喜排水性良好的沙壤土。

应用

麒麟角可栽植于庭院、墙角；或作盆栽，植于窗台、客厅等处。

小贴士

麒麟角不耐寒，在北方，宜在 10 月中旬霜降前移入室内。

别名：麒麟掌、玉麒麟 | 科属：大戟科，大戟属

天龙 *Senecio kleinia* Less.

茎长弯曲似苍龙，因此而得名。

特征识别

多年生肉质草本。基部分枝多，茎干呈圆柱形。至少有一半以上部位密生有细长柔软的肉质叶片，叶细长，簇生于茎顶；叶的基部或叶脱落后留存点的下方，有 3 条左右的纵向条纹。

生活习性

温度：生长适温为 15~22 ℃。

光照：喜阳光充足的环境。

水分：生长期每 7 天浇水 1 次。

土壤：喜排水性良好的沙壤土。

应用

天龙茎干弯曲，用作多种造型，摆放在阳台、窗台上等。

小贴士

要在天龙的生长期施肥 2~3 次，夏季则无须施肥，这样有助于花朵久留。

别名：天龙千里光 | 科属：菊科，千里光属

亚龙木 *Alluaudia procera* Drake

亚龙木原产于非洲东部的马达加斯加岛。中国引进的时间不长，目前还不多见。

叶卵形或心形，翠绿，肥厚多肉

茎直立，偶有分枝

特征识别

多年生常绿肉质化木本灌木或小乔木。茎干挺拔，颜色为白色或灰白色，生长有细锥状刺，叶片生于其间。大叶为绿色，叶片肉质，常成对生长，形状为卵形至心形。花呈黄色或白绿色。

生活习性

温度：生长适温为 19~24 ℃。

光照：喜阳光充足的环境，耐半阴。

水分：生长期保持盆土稍湿润。

土壤：喜疏松、肥沃、排水性良好，并含有少量石灰质的土壤。

应用

亚龙木在中国比较少见，适合多肉爱好者和植物园作为收集品种栽培。家庭也可选取大小适宜的植株作观叶、观茎植物栽培，装饰客厅、角隅、窗台等。

别名：大苍炎龙 | 科属：刺戟木科，亚龙木属

非洲霸王树 *Pachypodium lamerei* Drake

非洲霸王树耐热又容易养活，而且造型漂亮，特别适合高温天气。其肉质茎上的气孔白天关闭，夜间打开后能吸收二氧化碳，同时还能制造氧气，使室内空气中的负氧离子浓度增加。

特征识别

多肉。植株挺拔高大，最高可达6米，外观奇特，状似一个超大的棒锤。茎干褐绿色，圆柱形，密生3枚1簇的硬刺。茎顶丛生翠绿色、长广线形叶，叶柄、叶脉均为淡绿色。夏季开白色花。

生活习性

温度： 生长适温为20~25℃。

光照： 喜光照充足的环境。

水分： 生长期保持土壤湿润。

土壤： 喜排水性良好的沙壤土。

应用

非洲霸王树可作盆栽，置于窗台、阳台或客厅等处。

别名：狼牙棒 | 科属：夹竹桃科，棒锤树属

棒锤树 *Pachypodium namaquanum* (Wyley ex Harv.) Welw.

夹竹桃科多肉中，棒锤树属是最重要的。由于稀有，被引入中国的极少。棒锤树是多肉中第一批被列为一级保护的种类，植物应收集作为珍贵的标本。

特征识别

落叶肉质植物。茎高1.5~2米，不分枝，密生小刺，灰褐色；茎干呈棒锤形。茎顶簇生卵形至长披针形的叶片，叶缘平整或呈波浪形，湿润季长叶，干旱季叶子掉光。叶腋处开黄色花，聚伞花序。

生活习性

温度： 生长适温为20~25℃。

光照： 喜光照充足的环境。

水分： 生长期每15~20天浇水1次。

土壤： 土壤疏松，不要太过黏重，喜肥沃、疏松和排水性良好的沙壤土，最好用腐叶土。

应用

棒锤树可用于种植园栽植；或作盆栽，摆放于窗台、茶几、客厅等处。

别名：光堂、密刺瓶干树、棒槌树 | 科属：夹竹桃科，棒锤树属

仙人掌 *Opuntia dillenii* (Ker Gawl.) Haw.

丛生肉质灌木，高 1.5 ~ 3 米

茎节扁平，针刺密集

仙人掌原产于墨西哥、美国、西印度群岛、百慕大群岛和南美洲北部；中国于明末引种，南方沿海地区常见栽培。

特征识别

丛生肉质灌木。茎肥厚，根系纤细，植株丛生，上面布满针刺，呈鲜绿色；上部分枝呈宽倒卵形或近圆形。花朵颜色鲜艳，黄色为主。果实紫红色，倒卵球形，顶端凹陷。

果实紫红色，倒卵球形

生活习性

温度： 生长适温为 20~25 ℃。

光照： 喜光照充足的环境。

水分： 生长期保持土壤湿润。

土壤： 怕酸性土壤，适合在中性、微碱性土壤中生长。

应用

小型仙人掌可放置于床边，大型仙人掌可在庭院栽种，茎供药用，浆果酸甜可食。

别名： 仙巴掌、霸王树 | **科属：** 仙人掌科，仙人掌属

仙人球 *Echinopsis tubiflora* (Pfeiff.) Zucc.ex A.Dietr.

茎肉质，覆盖浓密的针刺和小刺毛

仙人球的茎、叶、花均有较高观赏价值，它是水培花卉的艺术精品。仙人球寿命长、体积大，有的品种寿命可达 500 年以上，且可长成直径 2~3 米的巨球。

幼株为圆球形，老株呈柱状

特征识别

多年生肉质草本。整体呈黄绿色；外形呈圆球形或椭圆球形，球体有若干条纵棱，棱的表面布满长短不一的针刺，呈放射状排列。花银白色或粉红色，花较大，侧生，着生于刺丛中，呈喇叭状。

花朵开在刺丛中，就像一个喇叭

生活习性

温度： 生长适温为 20~25 ℃。

光照： 喜光照充足的环境。

水分： 保持土壤较干燥。

土壤： 喜排水性良好的沙壤土。

应用

仙人球用作小盆景，摆放在电脑桌旁，可抗辐射。

小贴士

仙人球开花一般在清晨或傍晚，持续时间为几小时到 1 天。

别名： 草球、长盛球 | **科属：** 仙人掌科，仙人球属

乌羽玉 *Lophophora williamsii* (Lem.ex Salm-Dyck) J.M.Coult.

球体柔软，具有8～10条棱

棱为瘤块状，具刺座，无刺，具茸毛

乌羽玉原产于美国得克萨斯州西南部至墨西哥，主要在奇瓦瓦沙漠、塔毛利帕斯州及圣路易斯波托西州生长。其生长地主要是沙漠丛林，大部分接近石灰山。

特征识别

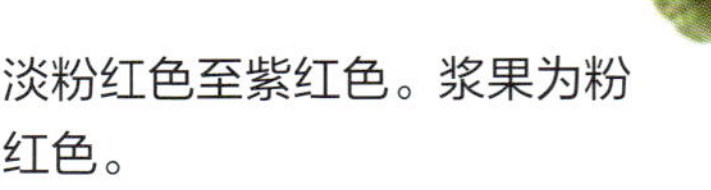

多年生肉质草本。分株多，根部粗壮，形似萝卜；表面暗绿或灰绿色，球形或扁球形；植株螺旋状分布，顶端长满茸毛。小花钟状或漏斗状，淡粉红色至紫红色。浆果为粉红色。

粉红色的钟状花

生活习性

温度：生长适温为15~20 ℃。

光照：喜光照充足的环境。

水分：生长期保持土壤湿润。

土壤：喜排水性良好的沙壤土。

应用

乌羽玉可作盆栽，置于窗台、书桌等处。

别名：僧冠掌、乌鱼 | 科属：仙人掌科，乌羽玉属

鸾凤玉 *Astrophytum myriostigma* Lem.

花黄色，直径4~7厘米

茎直径10~20厘米，不易生分枝

鸾凤玉原产于墨西哥高原的中部，长大后为柱状，是植物园和多肉爱好者热衷收集的珍品，具有较高的园艺观赏价值。

特征识别

单生植物。球形或长球形，有3~8条棱，多为5条棱；球体呈对称五星状，棱脊上长有刺座，刺座上有褐色窝状茸毛；球体表面有白色星点。花朵着生在球体顶部刺座上，漏斗形，黄色或有红心。

生活习性

温度：生长适温为13~28 ℃。

光照：喜光照充足的环境。

水分：每15天浇水1次。

土壤：喜保肥、保水力强的肥沃土壤。

应用

鸾凤玉可作盆栽，置于书房、阳台等处。

小贴士

三棱的“三角鸾凤玉”较稀有名贵；四棱的“四角鸾凤玉”也称“四方玉”，四条阔棱均匀对称，也很有趣。

别名：僧帽 | 科属：仙人掌科，星球属

短毛球 *Echinopsis eyriesii* Pfeiff. & Otto

球顶凹陷，刺极短

短毛球是仙人掌科仙人球属最常见的一种，原产于南美洲，一般生长在高热、干燥、少雨的沙漠地带。它开花时间不长，晚上 6~7 点开放，第二天中午就凋谢。花形较大，洁白素雅，并散发很好闻的幽香。

喇叭状的花朵

特征识别

多年生肉质植物。幼株单生，老株易丛生；球体呈绿色圆筒状，球形外有 11～18 条棱，排列整齐，棱上有 10～14 枚短刺，淡褐色。花朵侧生，喇叭状，有香味，夜晚开放。

生活习性

温度：生长适温为 18~30 ℃。

光照：喜光照充足的环境。

水分：每 15 天浇水 1 次。

土壤：喜疏松、肥沃的沙壤土。

应用

短毛球可用作植物园、公园温室展览，或作盆栽，置于阳台、办公室等处。

小贴士

短毛球宜每隔 1～2 年于早春换盆、换土 1 次。换盆时剪去部分老根，并除去部分陈土，晾 1～2 天后重新上盆。

别名：柱状仙人球、草球、短毛丸 | 科属：仙人掌科，仙人球属

多棱球 *Echinofossulocactus multicostatus* Britton & Rose

多棱球原产于墨西哥，整株布满波浪状的棱，极具造型感，夏天会开出白色带条纹的花朵。

棱极薄，有尖而硬的刺

特征识别

多年生植物。形态奇特，绿色球形，外部分布有 80～100 条棱，密集而薄，且呈波浪状；每条棱上有 2 个刺座，有刺 6～9 根，黄色，后变为灰色。球体顶端开花，形状如钟，白色，花瓣上有淡紫色细脉纹。

白色花瓣上有淡紫色细脉纹

生活习性

温度：生长适温为 15~25 ℃。

光照：全日照或半日照。

水分：每 20 天浇 1 次水。

土壤：喜排水性良好的沙壤土。

应用

多棱球可作盆栽，置于书房或办公桌一角等。

小贴士

冬季温度不高时，球体进入休眠期，盆土保持稍干燥，多见阳光，减少浇水次数。嫁接球体的棱容易老化，嫁接苗长到一定大小时，要将砧木切除。

别名：多棱玉 | 科属：仙人掌科，多棱球属

翡翠柱 *Euphorbia heteropodum* Pax

翡翠柱原产于非洲的坦桑尼亚，外形清丽漂亮，夏季开花，呈黄绿色。

叶片着生于瘤突顶端

肉质叶轮生

菱形瘤突呈螺旋状排列

特征识别

多年生肉质植物。株高30~50厘米，株幅30~40厘米。茎柱状，直立，粗壮，基部分枝多，茎面菱形瘤突明显，深绿色。叶片卵圆形，绿色，聚生于茎顶。花小，黄绿色。

生活习性

温度： 生长适温为18~24℃。

光照： 全日照或半日照。

水分： 生长期每7天浇水1次。

土壤： 喜排水性良好的沙壤土。

应用

翡翠柱可作盆栽，置于客厅、书房或庭院等处。

别名：紫纹龙、翡翠塔 | 科属：大戟科，大戟属

黄毛掌 *Opuntia microdasys* (Lehm.) Pfeiff.

茎肥厚、肉质，茎面整齐分布褐色刺座

黄毛掌原产于墨西哥地区，喜欢温暖的环境，但是也能短时间内忍耐0℃左右的环境。一般冬季只要温度不低于5℃，便不会影响它越冬。养在室内的黄毛掌，可以吸收空气中的一氧化碳、二氧化碳和氮氧化物，净化空气。

植株直立，高60~100厘米

特征识别

多年生肉质草本。植株直立，灌木状，有分枝，高60~100厘米；茎节呈较阔的椭圆形或广椭圆形，黄绿色，形似兔耳，覆盖有金黄色钩毛刺。花淡黄色，短漏斗形；浆果圆形，果肉为白色。

生活习性

温度： 生长适温为20~25℃。

光照： 喜光照充足的环境。

水分： 保持盆土湿润，冬季宁干勿湿。

土壤： 对土壤要求不严，在沙壤土中生长较好。

应用

黄毛掌可作盆栽，置于窗台、阳台、书桌等处。

别名：兔耳掌、金乌帽子 | 科属：仙人掌科，仙人掌属